Processos radiativos na atmosfera

FUNDAMENTOS

Processos radiativos na atmosfera

FUNDAMENTOS

Marcia Akemi Yamasoe
Marcelo de Paula Corrêa

oficina de textos

Grafia atualizada conforme o Acordo Ortográfico da Língua Portuguesa de 1990, em vigor no Brasil desde 2009.

Capa e projeto gráfico Malu Vallim
Diagramação Alexandre Babadobulos
Imagem capa Diferentes visiones de la radiación, 2015. José López aka "Wallace" (Barcelona, 1966) <http://www.wallaceartlab.com - http://shop.wallaceartlab.com> "Nada es invisible a los ojos de la imaginación"
Preparação de figuras Letícia Schneiater
Preparação de texto Hélio Hideki Iraha
Revisão de texto Carolina A. Messias
Impressão e acabamento Rettec artes gráficas

Dados Internacionais de Catalogação na Publicação (CIP)
(Câmara Brasileira do Livro, SP, Brasil)

Yamasoe, Marcia Akemi
Processos radiativos na atmosfera : fundamentos / Marcia Akemi Yamasoe, Marcelo de Paula Corrêa. -- São Paulo : Oficina de Textos, 2016.

Bibliografia
ISBN 978-85-7975-229-2

1. Atmosfera 2. Ciências ambientais 3. Meteorologia - Estudo e ensino 4. Radiação solar 5. Radiação terrestre I. Yamasoe, Marcia Akemi. II. Título.

16-00693 CDD-551.5253

Índices para catálogo sistemático:
1. Processos radiativos na atmosfera : Ciências da Terra 551.5253

Rua Cubatão, 798 CEP 04013-003 São Paulo-SP – Brasil
tel. (11) 3085 7933 fax (11) 3083 0849
site: www.ofitexto.com.br
e-mail: atend@ofitexto.com.br

Agradecimentos

Agradecemos o prefácio do Dr. Juan Carlos Ceballos e sua leitura criteriosa, com sugestões de modificações que sem dúvida aprimoraram a obra final, e à Editora Oficina de Textos, por aceitar o desafio de publicar este livro.

O material reunido neste livro é fruto dos meus quase 15 anos de docência. Nada mais justo que os primeiros agradecimentos sejam dedicados a todos os estudantes da disciplina Meteorologia Física II, oferecida anualmente no curso de Bacharelado em Meteorologia do Instituto de Astronomia, Geofísica e Ciências Atmosféricas da Universidade de São Paulo (IAG-USP). Monitores e estagiários da disciplina em diferentes anos contribuíram para a elaboração e o aprimoramento da apostila que serviu de base ao livro. Agradeço particularmente à Clara Iwabe, pelo árduo trabalho de transformar as notas de aula em arquivo digital, o que incluiu textos e figuras. Ao professor Artemio Plana-Fattori, ex-colega de trabalho e hoje grande amigo, responsável pelos primeiros conhecimentos adquiridos sobre o tema quando fui aluna de disciplina de pós-graduação sob sua responsabilidade nos idos de 1990, meus sinceros agradecimentos. Sou grata também a todo o apoio institucional do IAG-USP. Não posso deixar de agradecer ao próprio Marcelo Corrêa, por aceitar o desafio de publicar comigo esta obra, sempre muito bem-humorado e incansável colaborador.

Marcia Akemi Yamasoe

Estou em salas de aulas como professor desde os 19 anos de idade. Do ensino fundamental ao magistério, do ensino médio à graduação, do supletivo à pós-graduação. Em todos esses anos, fui muito mais aluno do que educador e este livro é o resultado desse aprendizado.

Meus agradecimentos são dirigidos primeiramente a todos os meus alunos. Dos atuais, na Unifei, aos primeiros, lá na década de 1990, no Colégio Eco e na EEPSG Carlos Maximiliano Pereira dos Santos. Eu também não posso deixar de estender meus agradecimentos aos professores e diretores desses dois colégios. Eles são os responsáveis pelo meu "vício" na docência.

Quanto aos meus caminhos no estudo e pesquisa em Radiação Atmosférica, meu especial muito obrigado a Artemio Plana-Fattori, mestre, orientador e amigo-irmão que a vida ofereceu. Em se tratando do tema Radiação, agradeço aos amigos Juan Carlos Ceballos, não apenas pelo prefácio, mas pela estima, ensinamentos e horas e horas de boa conversa; a Emico Okuno, pelo exemplo de alegria, bom humor e profissionalismo; e, é claro, a Marcia Yamasoe, por essa parceria harmoniosa e muito gratificante. Agradeço também à Universidade Federal de Itajubá, por ter proporcionado condições para meu trabalho e pesquisa e por ter aberto as portas para a criação do curso de graduação em Ciências Atmosféricas, o primeiro do gênero em Minas Gerais. Aproveito aqui para agradecer ao fantástico grupo de docentes desse curso, pela dedicação, pelo profissionalismo e principalmente pela amizade. Por fim, agradeço aos meus amigos e à minha família, que fazem dessa vida um passeio belo e alegre.

Esta obra é dedicada, com muito amor, aos meus pais, Dona Varli e Seu De Paula.

Marcelo de Paula Corrêa

Prefácio

Caminhamos para o fim da segunda década do século XXI. Há 40 anos existia no Brasil um número apreciável de profissionais trabalhando ativamente na medição de radiação solar e terrestre, concentrando-se mais em aspectos de fluxos totais e balanços de energia, de interesse para Agrometeorologia, Micrometeorologia, Ciências Ambientais e Engenharia. Livros em português abordando temas de radiação solar e terrestre não eram raros, mas também não eram numerosos. Textos clássicos e detalhados sobre propagação de radiação, em inglês, francês e alemão, mais algumas traduções do russo, eram leitura de uma fração menor de profissionais.

Desde então, o tema da propagação e medida de radiação inundou o cotidiano meteorológico e ambiental com necessidades crescentes de detalhamento conceitual. O espectro solar não é mais apenas um tema referente ao arco-íris, mas também objeto de estudos de ultravioleta e saúde, de poluição ambiental e aerossol interagindo com radiação visível absorvida por vegetação e afetando a formação e a dinâmica de nuvens; no infravermelho, o estudo do clima inclui análise de bandas de emissão/absorção por nuvens e por gases minoritários. As imagens de satélite viraram instrumento cotidiano de informação sobre o tempo, de monitoramento de vegetação e poluição e de detecção de fogos. Instrumentos modernos de sondagem da atmosfera e de nuvens utilizam propriedades espectrais de micro-ondas. Um profissional das Ciências Atmosféricas e Ambientais não pode mais se furtar a essa informação e às ferramentas conceituais para sua interpretação.

Uma geração de físicos e meteorologistas que trabalha ativamente em Ciências Atmosféricas tem-se formado nos últimos 20 anos, acumulando experiência no país e no exterior e abrangendo esse leque sofisticado de conhecimentos. É natural e desejável que esse *know-how*, ou *savoir-faire*, ou simplesmente "saber-fazer" na atividade profissional e acadêmica, plasme textos na língua nacional, com padrões adequados para as necessidades locais. Um sinal promissor de maturidade intelectual.

Os doutores e professores Yamasoe e Corrêa participam dessa geração, e parece-me ouvir os ecos de um querido amigo, veemente mestre e colega no IAG-USP. O livro que eles apresentam está destinado a servir de texto básico a novas gerações de estudantes universitários e introduzi-los a aspectos conceituais clássicos com um olhar moderno sobre a radiação solar e terrestre, sua propagação e sua interação com matéria e clima. Uma vantagem adicional é que fornece ferramentas matemáticas para iniciar a lida com esses temas, desde um patamar que permite assimilar leituras de nível mais avançado. Só cabe um caloroso parabéns pela ideia e pela realização.

Juan Carlos Ceballos

Sumário

Introdução

A principal fonte de energia do sistema Terra-atmosfera é a radiação eletromagnética proveniente do Sol. A radiação solar é utilizada nos processos físicos, químicos e biológicos que ocorrem tanto na superfície quanto na atmosfera. Qualquer alteração no fluxo incidente dessa radiação resultará em diferentes respostas e cenários para a atmosfera e a superfície, podendo promover alterações em vários processos meteorológicos e climáticos na Terra. Além de fatores externos, como o movimento de rotação terrestre e os ciclos de atividades solares, a radiação solar que atinge a superfície sofre vários processos de interação com os gases e as partículas de aerossol que compõem a atmosfera do planeta. As nuvens, assim como as características físicas da superfície sobre a qual a radiação solar incide, também desempenham um papel importante no balanço de radiação do sistema.

Dessa forma, alterações na composição química, na concentração, na quantidade e em outras propriedades de gases, aerossóis e nuvens que interagem com a radiação eletromagnética podem afetar o perfil de temperatura e, por conseguinte, o perfil de pressão da atmosfera. Um exemplo muito comentado na atualidade a respeito do impacto que essas alterações podem causar no clima da Terra tem relação com o efeito estufa. O aumento da concentração dos chamados gases estufa promove, numa visão simplificada, o aumento da absorção da radiação e a consequente elevação da temperatura do planeta. Além disso, a alteração da distribuição vertical e horizontal da pressão atmosférica afeta a velocidade e a direção dos ventos. No que diz respeito aos processos que ocorrem na superfície, um exemplo é a fotossíntese, realizada pela vegetação a partir da absorção da radiação solar na região espectral do visível, denominada fotossinteticamente ativa. A radiação solar afeta também a concentração de alguns gases na atmosfera a partir de reações fotoquímicas.

É importante lembrar que, assim como o meio afeta o campo de radiação, o campo de radiação pode alterar o meio, e assim por diante. Tais processos são denominados processos de realimentação do sistema (do inglês *feedback processes*). Um exemplo é o aquecimento da superfície e da atmosfera terrestre devido à incidência de radiação solar durante o dia, o qual resulta em instabilidade, gerando movimentos convectivos do ar próximo à superfície. Algumas parcelas de ar sofrem movimentos ascendentes, e outras, descendentes. O movimento ascendente da parcela de ar causa resfriamento adiabático. Caso a atmosfera esteja suficientemente úmida e na presença de núcleos de condensação, as nuvens podem se formar. Estas, por sua vez, alteram a distribuição de radiação solar incidente e emitem e absorvem radiação infravermelha (Thomas; Stamnes, 1999).

Um dos objetivos deste livro é fornecer ao leitor fundamentos para a compreensão dos principais processos de interação da radiação solar e terrestre com os constituintes da atmosfera e com a superfície, discutindo-se as possíveis consequências oriundas dessa interação. Para tanto, serão estudados os fundamentos da transferência radiativa na atmosfera, sua terminologia, definições das grandezas físicas, leis físicas envolvidas e sua formulação matemática baseada no desenvolvimento da equação de transferência radiativa. O Cap. 1 aborda o espectro eletromagnético e as regiões nas quais se costuma dividi-lo. No capítulo seguinte, são discutidos os conceitos físicos envolvidos, iniciando com as leis de radiação. Na sequência, são debatidos os principais processos que determinam a variação do fluxo de radiação solar no topo da atmosfera. O Cap. 4 é destinado à instrumentação utilizada para medir a radiação e a seus princípios físicos de funcionamento. Em seguida, no Cap. 5, são apresentados os principais processos de interação da radiação com a matéria, absorção, emissão e espalhamento. A partir daí, o leitor terá os fundamentos teóricos necessários para compreender as discussões envolvendo a dedução e as aplicações da equação de transferência radiativa, que será feita no Cap. 6. Finalmente, no Cap. 7, será discutido como o balanço de radiação na atmosfera e as taxas de aquecimento ou resfriamento radiativo são estimados.

1 Grandezas radiométricas

1.1 Radiação e o espectro eletromagnético

Todo corpo com temperatura maior que o zero absoluto (0 K) emite radiação em diferentes comprimentos de onda. Define-se como radiação a emissão ou propagação de energia na forma de onda eletromagnética. Essa energia é transferida por meio de unidades discretas denominadas *quanta* ou fótons. A energia (Q) de um fóton está relacionada com seu comprimento de onda (λ) ou sua frequência de oscilação (ν) por:

$$Q = \frac{hc}{\lambda} = h\nu \tag{1.1}$$

em que h é a constante de Planck (= $6{,}626 \times 10^{-34}$ J s), e c, a velocidade da luz (≈ $2{,}998 \times 10^{8}$ m s^{-1} no vácuo), sendo Q expresso em joules (J) (o Sistema Internacional, SI, é utilizado para indicar as unidades das grandezas radiométricas, exceto nas definições de grandezas espectrais).

O Sol emite energia em praticamente todo o conjunto do espectro eletromagnético (Fig. 1.1). No entanto, a Commission Internationale de l'Éclairage (CIE) considera como radiação óptica a radiação eletromagnética entre as regiões de transição dos raios X ($\lambda \approx 1$ nm) e das ondas de rádio ($\lambda \approx 1$ mm) (as unidades de comprimento de onda comumente utilizadas são o nanômetro, em que 1 nm = 10^{-9} m, e o micrômetro, em que 1 μm = 10^{-6} m; em Astrofísica, também se utiliza o ångström, sendo 1 Å = 10^{-10} m). A luz, ou *radiação visível*, é a denominação dada para a radiação percebida pelos seres humanos. O termo *luz* muitas vezes é usado para radiação em outros comprimentos de onda, o que não é recomendado pela CIE. Sendo assim, a luz, ou radiação visível, é definida como qualquer radiação capaz de causar diretamente uma sensação visual.

Não existem limites precisos para o intervalo espectral da radiação visível, uma vez que dependem da potência radiante que atinge a retina e também da sensibilidade do observador. Geralmente, o limite inferior do intervalo está entre os comprimentos de onda de 360 nm e 400 nm, e o limite superior, entre 760 nm e 830 nm. Esse intervalo espectral, especificamente entre 400 nm e 700 nm, é denominado radiação fotossinteticamente ativa (PAR, do inglês *photosynthetically active radiation*), por ser a região espectral da radiação solar utilizada pelas plantas para realizar fotossíntese.

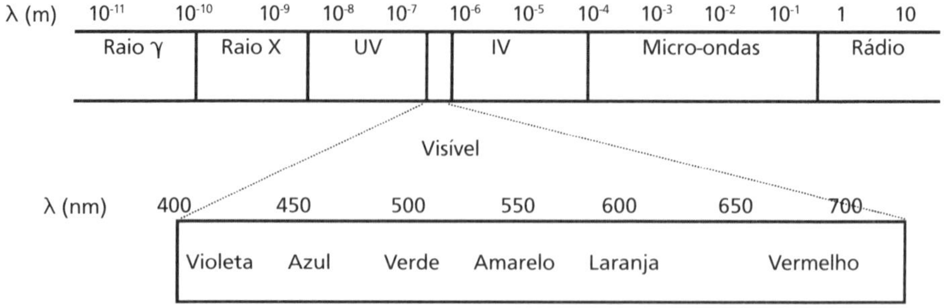

Fig . 1.1 *Esquema das várias regiões do espectro eletromagnético, de acordo com o comprimento de onda da radiação*

As radiações ultravioleta (R-UV) e infravermelha (R-IV) correspondem, respectivamente, aos intervalos espectrais imediatamente inferiores e superiores à radiação visível. A R-UV compreende a radiação com comprimentos de onda entre 100 nm e 400 nm, e a R-IV, a radiação com comprimentos de onda entre 780 nm e 10^6 nm (1 mm). A R-UV está relacionada a uma série de efeitos fotobiológicos e fotoquímicos importantes para a presença da vida na Terra e para a composição da atmosfera. Com o intuito de facilitar o estudo desses efeitos, separa-se essa radiação em três sub-bandas espectrais, denominadas UVA (315-400 nm), UVB (280-315 nm) e UVC (100-280 nm). Já a R-IV é fundamental para os balanços de energia no sistema Terra-atmosfera por ser fortemente absorvida e emitida por diversos gases que compõem a atmosfera terrestre. Geralmente, é subdividida em duas bandas, denominadas IV próximo (780-3.500 nm) e IV térmico (3.500 nm-1 mm). No entanto, de modo semelhante à R-UV, também pode ser subdividida em três bandas, IVA (780-1.400 nm), IVB (1.400-3.000 nm) e IVC (3.000 nm-1 mm).

Apesar de o Sol emitir radiação em quase todos os comprimentos de onda, a radiação solar consiste basicamente em radiações ultravioleta, visível e infravermelho próximo. Apenas cerca de 1% dessa radiação é formada por raios X, raios γ, infravermelho térmico, micro-ondas e ondas de rádio.

A radiação solar está confinada majoritariamente na região espectral $\lambda < 4\ \mu m$ e é, por esse motivo, denominada radiação de onda curta. Já a radiação emitida por corpos terrestres, como a superfície e a atmosfera, compreende predominantemente a região espectral $\lambda \geq 4$ µm e é chamada de radiação de onda longa ou térmica. Como será visto no Cap. 2, essas emissões em diferentes comprimentos de onda estão relacionadas às temperaturas dos emissores.

1.2 Ângulo sólido

Em um espaço bidimensional, um ângulo plano (α) corresponde a um arco de comprimento L sobre um círculo de raio r, tal que $\alpha = L/r$ radianos (rad). Por analogia, em um espaço tridimensional, um ângulo sólido (Ω) corresponde a uma superfície de área σ sobre uma esfera de raio r, tal que:

$$\Omega = \frac{\sigma}{r^2} \tag{1.2}$$

No caso do ângulo sólido, utiliza-se o esterradiano (sr) como unidade, embora tanto o ângulo plano quanto o sólido sejam grandezas adimensionais.

Considerando a esfera de raio r ilustrada na Fig. 1.2, centrada no ponto O e com um ponto arbitrário em sua superfície com coordenadas esféricas θ e ϕ, a área infinitesimal dessa superfície é dada por:

$$d\sigma = r\, d\theta\, r\, \text{sen}\theta\, d\phi \tag{1.3}$$

Portanto, o ângulo sólido infinitesimal definido por essa área é:

$$d\Omega = \frac{d\sigma}{r^2} = \text{sen}\theta\, d\theta\, d\phi \tag{1.4}$$

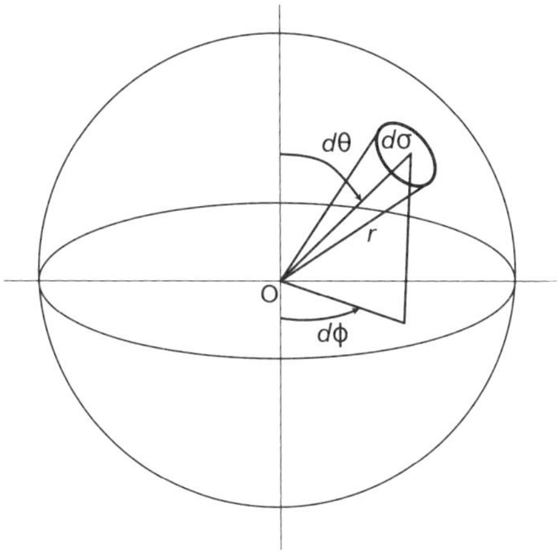

Fig. 1.2 *O ângulo sólido. Para um observador localizado em O, esse ângulo definiria o campo de visão de um objeto na superfície da esfera (p. ex., o Sol)*

Exercício 1.1: Mostrar que o ângulo sólido definido por uma esfera vale 4π.

1.3 Fluxo, intensidade, irradiância e radiância

De acordo com Paltridge e Platt (1976), a nomenclatura dos termos associados à radiação atmosférica resultou originalmente de distintas disciplinas. Dessa forma, alguns símbolos podem ter diferentes significados dependendo do autor. Neste livro emprega-se a nomenclatura recomendada pela CIE e adotada pela Organização Meteorológica Mundial (OMM, 1983). As principais grandezas utilizadas nos estudos envolvendo os processos radiativos na atmosfera são:

- *Energia radiante*: integral do fluxo radiante sob um dado intervalo de tempo Δt. Símbolos comumente utilizados: Q, Q_e, U. Unidade: J. Observação: os símbolos para a quantidade de energia radiante e suas respectivas taxas são também utilizados para a quantidade correspondente relativa à radiação visível, isto é, luminosidade e quantidade de fótons. Por essa razão, os subscritos e, para energético, *v*, para visível, e *p*, para fótons, podem ser adicionados quando houver possibilidade de confusão entre essas quantidades.

$$Q = \int_{\Delta t} \phi \, dt \tag{1.5}$$

- *Fluxo de radiação, fluxo radiativo ou potência radiante*: potência emitida, transferida ou recebida na forma de radiação. Símbolos: ϕ, ϕ_e, P. Unidade: $\mathrm{J\,s^{-1} = W}$.

$$\phi = \frac{dQ}{dt} \tag{1.6}$$

- *Intensidade radiante (de uma fonte pontual em uma determinada direção)*: quociente entre o fluxo de radiação (ou potência emitida) que deixa uma fonte para uma dada direção do espaço e o ângulo sólido infinitesimal de um cone representando tal direção. Símbolos: I, I_e. Unidade: $\mathrm{W\,sr^{-1}}$.

$$I = \frac{d\phi}{d\Omega} = \frac{d^2Q}{dt\,d\Omega} \tag{1.7}$$

- *Irradiância (em um determinado ponto de uma superfície)*: quociente entre o fluxo de radiação incidente sobre um elemento de superfície contendo um ponto e a área do elemento de superfície. Símbolos: E, E_e. Unidade: W m^{-2}.

$$E = \frac{d\phi}{dA} = \frac{d^2Q}{dt\, dA} \tag{1.8}$$

- *Radiância (em uma dada direção, em um dado ponto de uma superfície real ou imaginária)*: é uma medida da quantidade de radiação recebida por um ponto ou emitida por uma fonte pontual em uma determinada direção. Isto é, o quociente entre a intensidade de radiação observada num certo elemento de superfície em uma dada direção e a área da projeção ortogonal desse elemento de superfície num plano perpendicular à direção tratada. Símbolos: L, L_e. Unidade: W m^{-2} sr^{-1}.

$$L = \frac{dI}{\cos\theta\, dA} = \frac{d^2\phi}{\cos\theta\, d\Omega\, dA} = \frac{d^3Q}{\cos\theta\, dt\, d\Omega\, dA} \tag{1.9}$$

Substituindo a primeira parte da Eq. 1.8, pode-se reescrever a Eq. 1.9 da seguinte forma:

$$L = \frac{dE}{\cos\theta\, d\Omega} \tag{1.10}$$

A Fig. 1.3 apresenta a configuração geométrica da definição de radiância.

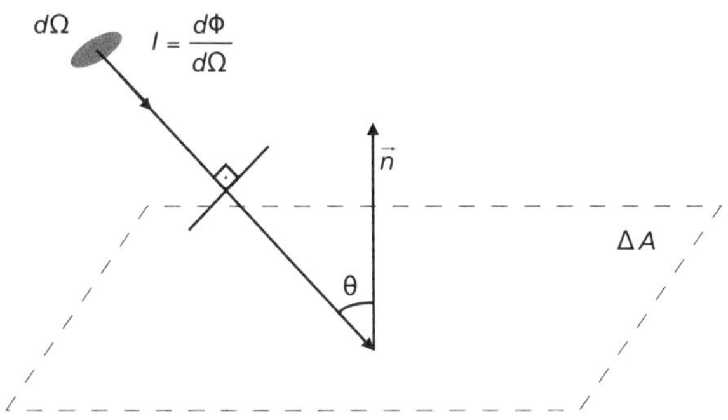

Fig. 1.3 *Esquema geométrico da definição de radiância. O elemento de área a ser considerado é sempre perpendicular à direção de incidência*

Da definição de radiância, pode-se estabelecer uma definição complementar para irradiância: ela é dada pela integral tomada sobre o hemisfério visível a partir de um dado ponto, $L\cos\theta\, d\Omega$, em que L é a radiância em um dado ponto numa das várias direções dos feixes incidentes do ângulo sólido $d\Omega$, e θ, o ângulo entre qualquer um desses feixes e a normal à superfície para esse dado ponto. Ou seja,

$$E = \int_{2\pi} L \cos\theta \, d\Omega \qquad \textbf{(1.11)}$$

Conhecendo a radiância incidente em todas as direções (caracterizadas pelas coordenadas θ e ϕ) em um determinado hemisfério, é possível determinar a irradiância total incidente em um hemisfério:

$$E = \int_0^{2\pi} \int_0^{\pi/2} L(\theta, \phi) \cos\theta \, sen\theta \, d\theta \, d\phi \qquad \textbf{(1.12)}$$

A Fig. 1.4 ilustra a complexidade envolvida no cálculo da Eq. 1.12. A Fig. 1.4A mostra feixes de radiâncias provenientes de diferentes pontos do hemisfério atingindo um alvo em superfície. Pela equação mencionada, a irradiância que atinge um determinado alvo pode ser calculada pelo somatório de todos os feixes de radiâncias que provêm de cada um dos pontos do hemisfério. Assim, os feixes compreendidos no hemisfério sobre o alvo podem ser matematicamente representados pelas radiâncias provenientes dos ângulos de 0 a $\pi/2$, na vertical (isto é, θ, na Fig. 1.4B), e de 0 a 2π, no plano horizontal (isto é, ϕ, na Fig. 1.4B).

Exercício 1.2: Provar que, se a radiação é isotrópica, ou seja, a radiância é a mesma em todas as direções, a irradiância total incidente em um hemisfério é igual a πL.

1.4 Densidades espectrais

As grandezas definidas na seção anterior também podem ser especificadas em um intervalo infinitesimal de frequência (ν), de comprimento de onda (λ) ou do número de ondas ($\tilde{\nu}$) que cabe em 1 cm, uma definição tradicional da espectroscopia conhecida como número de onda. Nesse caso, as quantidades são denominadas *espectrais* e denotadas por um subscrito apropriado. Por exemplo, pode-se definir radiância espectral com relação ao comprimento de onda:

$$L_\lambda = \frac{dL}{d\lambda} \qquad [\mathrm{W\,m^{-2}\,sr^{-1}\,\mu m^{-1}}] \qquad \textbf{(1.13)}$$

ao número de onda:

$$L_{\tilde{\nu}} = \frac{dL}{d\tilde{\nu}} \qquad [\,\mathrm{Wm^{-2}\,sr^{-1}\,cm}\,] \tag{1.14}$$

ou à frequência:

$$L_{\nu} = \frac{dL}{d\nu} \qquad [\,\mathrm{Wm^{-2}sr^{-1}Hz^{-1}}\,] \tag{1.15}$$

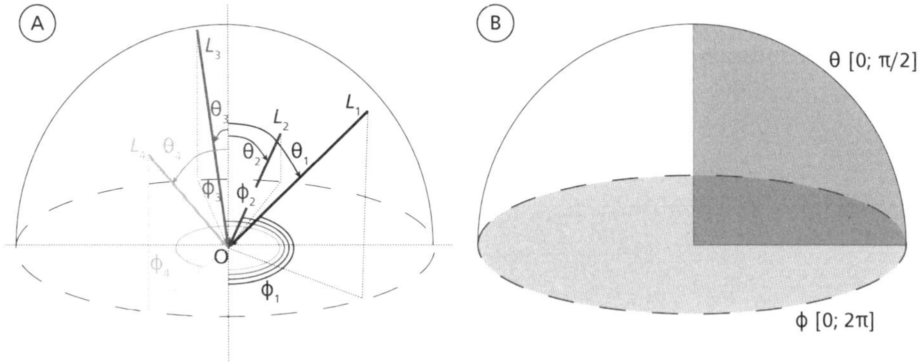

Fig. 1.4 *(A) Radiâncias provenientes de diversas direções atingindo o alvo (O) em superfície e (B) limites de integração para cálculos de irradiâncias com base nas radiâncias provenientes de todo o hemisfério superior, considerando uma superfície plana horizontal*

As conversões entre L_λ, L_ν e $L_{\tilde{\nu}}$ envolvem a velocidade da luz e suas relações. Da Eq. 1.1, tem-se que $c = \lambda\nu$, então:

$$\tilde{\nu} = \frac{\nu}{c} \Rightarrow \frac{d\tilde{\nu}}{d\nu} = \frac{1}{c} \tag{1.16A}$$

$$\tilde{\nu} = \frac{1}{\lambda} \Rightarrow \frac{d\tilde{\nu}}{d\lambda} = -\frac{1}{\lambda^2} \tag{1.16B}$$

$$\nu = \frac{c}{\lambda} \Rightarrow \frac{d\nu}{d\lambda} = -\frac{c}{\lambda^2} \tag{1.16C}$$

Por exemplo, substituindo a Eq. 1.16B na Eq. 1.13, tem-se:

$$L_\lambda = \frac{dL}{d\lambda} = \frac{dL}{d\tilde{\nu}}\left|\frac{d\tilde{\nu}}{d\lambda}\right| = \frac{dL}{d\tilde{\nu}}\frac{1}{\lambda^2} = \frac{1}{\lambda^2}\frac{dL}{d\tilde{\nu}} = \frac{1}{\lambda^2}L_{\tilde{\nu}} \tag{1.17}$$

De maneira análoga, podem-se obter as demais relações para as Eqs. 1.14 e 1.15, ou, ainda, relações semelhantes para irradiância, fluxo ou energia radiante.

Com base na grandeza espectral, valores integrados em determinados intervalos espectrais podem ser obtidos, visto que $dL = L_\lambda d\lambda = L_\nu d\nu = L_{\tilde{\nu}} d\tilde{\nu}$ e, portanto:

$$L = \int_{\lambda_1}^{\lambda_2} L_\lambda(\lambda)\, d\lambda = \int_{\tilde{\nu}_1}^{\tilde{\nu}_2} L_\nu(\tilde{\nu})\, d\tilde{\nu} = \int_{\nu_1}^{\nu_2} L_\nu(\nu)\, d\nu$$

Quando a grandeza é expressa em termos de comprimento de onda, é comum denominá-la monocromática.

Exercício 1.3: Um instrumento é capaz de medir radiâncias espectrais de até 10 $\mathrm{W\,m^{-2}sr^{-1}cm}$. A partir desse limite, há a queima do sensor. Verificar a possibilidade de utilizar esse sensor para medir a radiação emitida por uma fonte de radiâncias monocromáticas em 500 nm cujo valor máximo é 2.000 $\mathrm{W\,m^{-2}sr^{-1}nm^{-1}}$.

1.5 Absortância, refletância e transmitância

A radiação eletromagnética interage com a matéria por espalhamento, por absorção ou por emissão. A atenuação (ou extinção, do inglês *extinction*) inclui os processos que diminuem a energia radiante, tais como a absorção e o espalhamento da radiação ao atravessar um meio qualquer. Já a emissão aumenta a intensidade radiante numa determinada orientação. O espalhamento proveniente de outras direções também pode adicionar fótons ao feixe incidente. No decorrer deste livro, tais processos serão abordados de maneira mais aprofundada.

No processo de absorção, parte ou toda a energia radiante é transferida para o meio no qual ela incide ou atravessa. Sendo assim, define-se *absortância* como a fração da radiação incidente que foi absorvida, ou, em outras palavras, como a razão entre a quantidade de energia absorvida e o total de energia que incide sobre um volume de matéria para um dado comprimento de onda. Em termos de fluxo radiativo, a absortância pode ser escrita como:

$$a_\lambda = \frac{\phi_{a\lambda}}{\phi_{i\lambda}} \tag{1.18}$$

em que a_λ é a absortância, $\phi_{a\lambda}$, o fluxo de radiação espectral absorvido pelo meio, e $\phi_{i\lambda}$, o fluxo incidente. A mesma relação, assim como as seguintes nesta seção, pode ser escrita para radiâncias ou irradiâncias no lugar do fluxo de radiação.

O processo de absorção sempre está associado a uma alteração física do meio atravessado. No caso da atmosfera, a alteração mais significativa é o aumento da temperatura ou energia interna. A Fig. 1.5 mostra a atenuação sofrida pela radiação solar espectral incidente no topo da atmosfera (linha cinza) ao chegar à superfície (linha preta) ao meio-dia de um dia típico de verão, de céu claro e sem nuvens, na cidade de São Paulo.

Podem-se observar nessa figura regiões de forte absorção por gases presentes na atmosfera, tais como o vapor d'água, o metano e o gás carbônico, na região infravermelha (comprimentos de onda superiores a 0,8 μm), e o ozônio, na região ultravioleta (entre 0,2 μm e 0,3 μm). Nessas regiões espectrais, para as condições da simulação, o processo de absorção predomina sobre o de espalhamento.

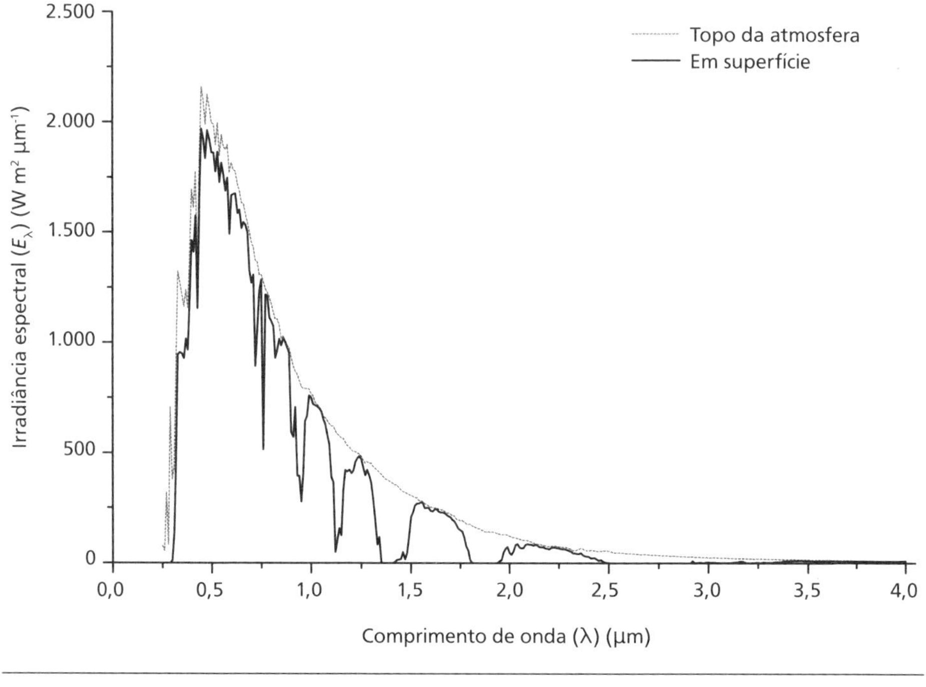

Fig. 1.5 *Irradiância solar espectral incidente no topo da atmosfera (linha cinza) e em superfície (linha preta). Simulação numérica com o código de transferência radiativa SBDART (Santa Barbara DISORT Atmospheric Radiative Transfer) – um modelo ou código computacional que permite estudar os processos radiativos na atmosfera (Ricchiazzi et al., 1998) – para um dia típico de verão, sem nuvens, ao meio-dia, na cidade de São Paulo (23,5°S; 46,5°W)*

No processo de espalhamento, a radiação é apenas desviada da orientação original, podendo ser refletida ou transmitida. Se a radiação, quando espalhada, voltar para o hemisfério de origem, é denominada refletida; caso contrário, diz-se que ela foi transmitida. Em estudos atmosféricos, o hemisfério é definido a partir de um plano horizontal de referência. Quando a radiação monocromática não sofre atenuação ao atravessar um meio, diz-se que foi diretamente transmitida (componente t_D na Fig. 1.6); caso contrário, a transmissão é chamada difusa (t_d). Denomina-se *refletância* (ρ_λ) a razão entre as radiações refletida e incidente e *transmitância* (t_λ) a razão entre a radiação transmitida, isto é, a soma dos componentes direto e difuso, e a radiação incidente. De maneira análoga à Eq. 1.18, podem-se escrever:

$$\rho_\lambda = \frac{\phi_{r\lambda}}{\phi_{i\lambda}} \qquad \textbf{(1.19)}$$

$$t_\lambda = \frac{\phi_{t\lambda}}{\phi_{i\lambda}} \qquad \textbf{(1.20)}$$

em que os subscritos *r* e *t* indicam os fluxos espectrais de radiação refletido e transmitido pelo meio.

É importante notar que a reflexão, a transmissão e, como já observado na Fig. 1.5, a absorção dependem do comprimento de onda da radiação incidente. Ou seja, os fenômenos ocorrem de maneira distinta em cada linha do espectro eletromagnético. Por esse motivo, a representação nas equações tem como destaque o subscrito λ. Porém, é importante atentar se os fenômenos estão sendo considerados de maneira espectral, isto é, para uma linha, um intervalo, ou para todo o espectro integrado.

A Fig. 1.6 ilustra um feixe de irradiância espectral incidindo sobre um volume de matéria. Parte da radiação é refletida, parte absorvida e outras transmitidas, de maneira direta ou difusa.

Dessa figura, têm-se:

$$\rho_{1\lambda} E_\lambda + \rho_{2\lambda} E_\lambda = \rho_\lambda E_\lambda \qquad \textbf{(1.21)}$$

$$t_{d1\lambda} E_\lambda + t_{d2\lambda} E_\lambda = t_{d\lambda} E_\lambda \qquad \textbf{(1.22)}$$

$$t_{d\lambda} E_\lambda + t_{D\lambda} E_\lambda = t_\lambda E_\lambda \qquad \textbf{(1.23)}$$

Por conservação de energia no meio, pode-se escrever:

$$a_\lambda E_\lambda + \rho_\lambda E_\lambda + t_\lambda E_\lambda = E_\lambda$$

ou ainda

$$a_\lambda + \rho_\lambda + t_\lambda = 1 \quad \textbf{(1.24)}$$

A título de ilustração, a Tab. 1.1 apresenta valores médios típicos de refletância da superfície para ondas curtas, isto é, radiação de comprimentos de onda inferiores a 4,0 μm.

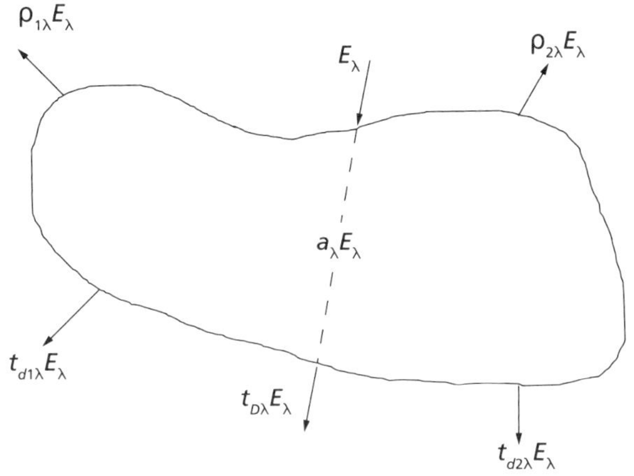

Fig. 1.6 *Esquema dos componentes absorvido, refletido e transmitido da radiação incidente com relação a um plano horizontal de referência. Os subscritos 1 e 2 apenas indicam direções arbitrárias dos feixes refletidos ou transmitidos de modo difuso. Outras direções (*i *= 3, 4, 5, ...,* n*) foram evitadas para não poluir a figura*

Tab. 1.1 Valores médios da refletância de diferentes superfícies na região espectral de ondas curtas ($\lambda \leq 4{,}0$ μm), em porcentagem

Superfícies aquáticas		**Cobertura de nuvens**	
Latitude 0° (inverno)	6	Cumuliforme	70-90
Latitude 30° (inverno)	9	*Stratus* (espessas)	59-84
Latitude 60° (inverno)	21	*Altostratus*	39-59
Latitude 0° (verão)	6	*Cirrostratus*	44-50
Latitude 30° (verão)	6		
Latitude 60° (verão)	7		

Tab. 1.1 Valores médios da refletância de diferentes superfícies na região espectral de ondas curtas ($\lambda \leq 4{,}0$ µm), em porcentagem (continuação)

Solos		**Corpos celestes**	
Neve fresca	75-95	Terra	34-42
Neve envelhecida	40-70	Lua	6-7
Gelo no mar	30-40	Júpiter	73
Duna de areia seca	35-45	Marte	16
Duna de areia úmida	20-30	Mercúrio	5-6
Solo escuro	5-15	Netuno	84
Solo úmido cinza	10-20	Plutão	14
Argila seca	20-35	Saturno	76
Concreto seco	17-27	Urano	93
Asfalto (piche)	5-10	Vênus	76

Superfícies naturais		**Pele humana**	
Deserto	25-30	Branca	43-45
Savana (estação seca)	25-30	Morena	35
Savana (estação úmida)	15-20	Negra	16-22
Chapada	15-20		
Matagal	15-20		
Pradaria	10-20		
Floresta caducifólia	10-20		
Tundra	15-20		
Culturas	15-25		

Fonte: adaptado de Sellers (1965).

As Figs. 1.7 e 1.8 resumem tais variações para alguns tipos de superfície. É importante notar que a refletância varia não só em função do tipo de superfície e do comprimento de onda, mas também de acordo com a posição do disco solar.

E, para representar a transmitância da atmosfera terrestre, a Fig. 1.9 apresenta as transmitâncias espectrais das diferentes bandas de absorção presentes na atmosfera terrestre levando-se em conta a simulação utilizada na Fig. 1.5.

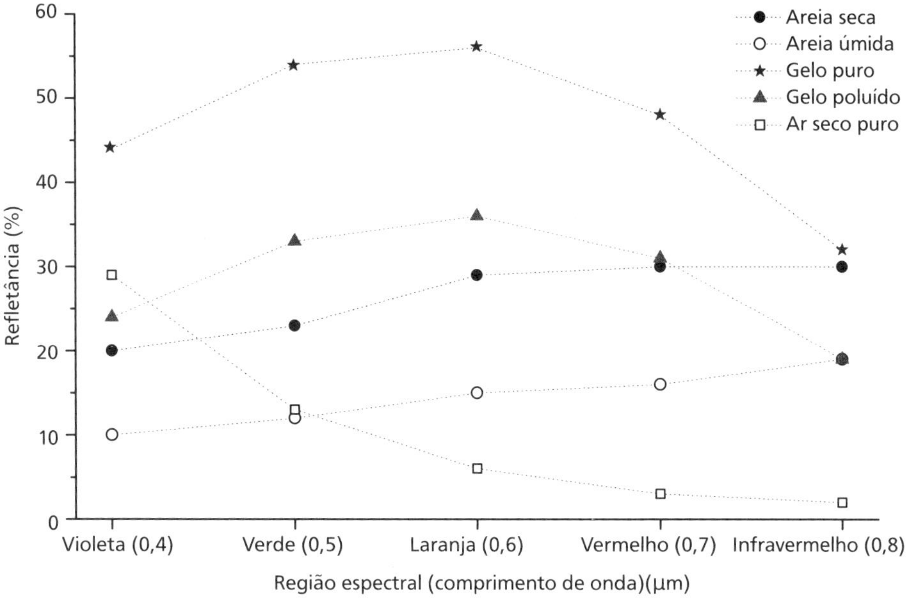

Fig. 1.7 *Refletância espectral da superfície com o Sol a pino em função do comprimento de onda*

Fonte: adaptado de Sellers (1965).

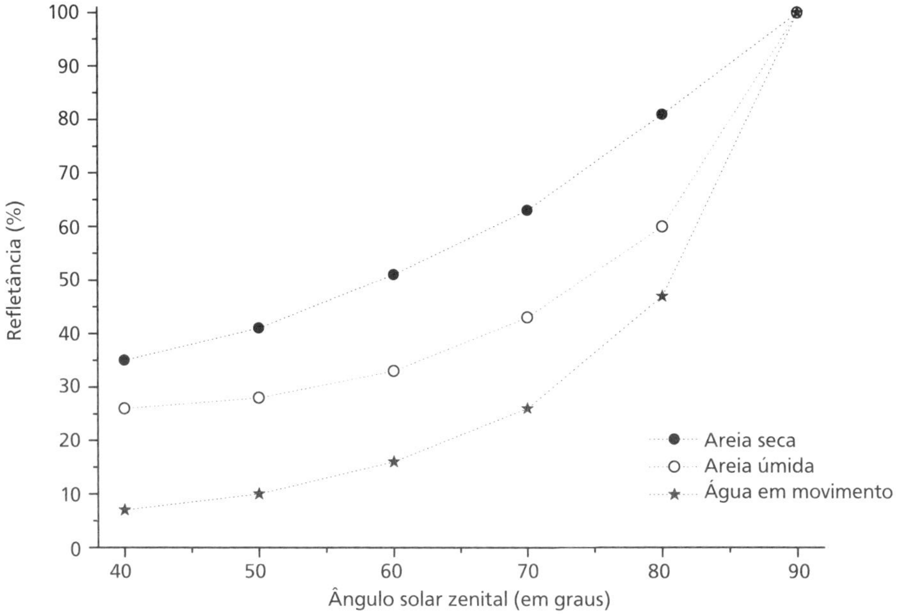

Fig. 1.8 *Refletância média no espectro solar ($\lambda < 4$ µm) da superfície em função do ângulo solar zenital*

Fonte: adaptado de Sellers (1965).

Alguns pontos interessantes devem ser destacados da Fig. 1.9. Na região visível (entre, aproximadamente, 0,4 μm e 0,8 μm), a transmitância da atmosfera é muito alta. Isto é, essa região, conhecida como *janela atmosférica*, é praticamente transparente devido à baixa absorção de radiação pelos componentes atmosféricos. Por outro lado, em outros diversos pontos da região espectral analisada, observa-se a atmosfera totalmente opaca à radiação, pois a transmitância é nula. Essas regiões, principalmente observadas no início do ultravioleta e em muitos intervalos da região infravermelha, são responsáveis pelo aumento de temperatura na estratosfera e na troposfera terrestres, respectivamente. No decorrer deste livro, esses assuntos serão retomados.

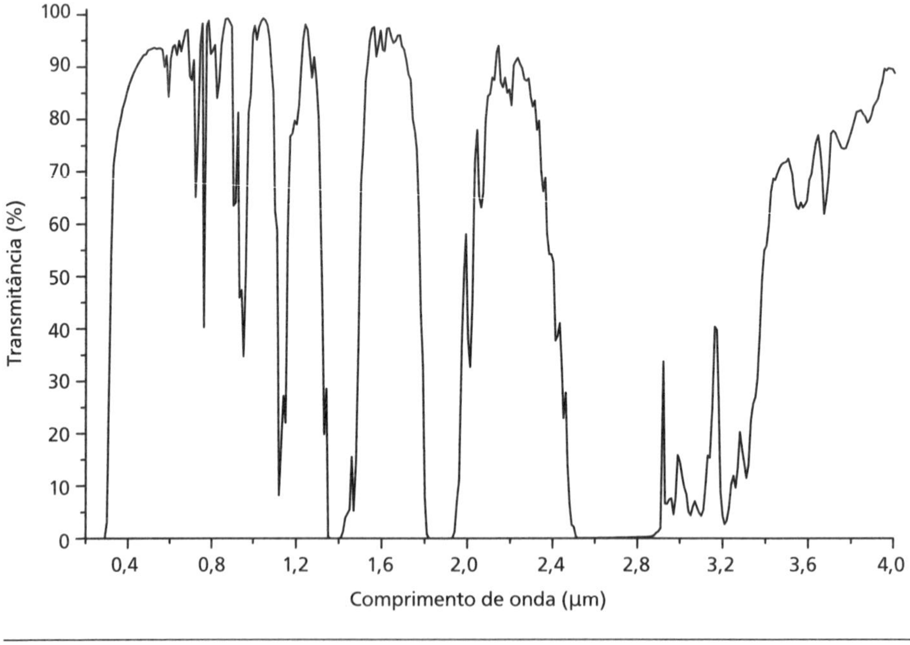

Fig. 1.9 *Transmitância espectral global da atmosfera terrestre para incidência vertical em um dia de verão na cidade de São Paulo com base na simulação com o modelo SBDART*

Viu-se que um volume de matéria é dito opaco quando sua transmitância for desprezível ou nula. Nesse caso, a soma da absortância com a refletância é unitária. Além disso, deve-se sempre destacar que as grandezas apresentadas nesta seção se referem a grandezas espectrais, o que significa que podem variar conforme o comprimento de onda da radiação incidente. Vale lembrar também que dependem dos constituintes do meio ou corpo atravessado. No caso da atmosfera, os constituintes são os gases, as partículas de aerossol e as nuvens, e, como será visto no Cap. 5, tais grandezas variam de acordo com a composição química desses constituintes. No próximo capítulo será estudado um meio especial no qual toda a radiação incidente é absorvida, de modo que a absortância é unitária em todos os comprimentos de onda. Esse tipo de meio é fundamental nas considerações feitas para o desenvolvimento dos modelos de transferência radiativa.

2 Radiação de corpo negro

Define-se como corpo negro o meio ou substância que absorve toda a radiação incidente sobre si, independentemente do comprimento de onda, direção de incidência ou estado de polarização. Nenhuma parte da radiação incidente é refletida ou transmitida pelo corpo negro.

A fim de compreender a polarização, considere-se que a radiação constitui uma grandeza vetorial com quatro componentes. Apenas a radiância L está associada à transferência de energia através de um meio. Os demais componentes descrevem o estado de polarização do feixe de radiação. Uma onda eletromagnética é dita polarizada quando os vetores dos campos elétrico e magnético oscilarem no tempo de forma coerente. Assim, observando-se sua oscilação no tempo, o vetor percorre figuras geométricas bem definidas, como uma reta, um círculo ou uma elipse. Quando o vetor oscila sobre uma reta, diz-se que a onda é linearmente polarizada. Quando oscila sobre um círculo, diz-se que ela apresenta polarização circular esquerda ou direita, de acordo com o sentido de percurso do vetor sobre o círculo (anti-horário ou horário) (Nussenzveig, 1996). A radiação solar não é polarizada.

Para entender o conceito de corpo negro, é possível fazer uma analogia com um corpo isolado do seu meio externo, com paredes isolantes. Como não há trocas com o meio externo, diz-se que o corpo se encontra em equilíbrio termodinâmico, ou seja, em:

1) *equilíbrio térmico*: não há gradientes de temperatura, sendo esta constante e homogênea no corpo;
2) *equilíbrio mecânico*: não há forças líquidas ou tensões, isto é, a pressão é constante em todas as partes do corpo;
3) *equilíbrio radiativo*: o campo de radiação dentro do corpo é constante;
4) *equilíbrio químico*: as taxas de todas as reações químicas são balanceadas por suas reações inversas, tal que a composição química é a mesma em todo o corpo.

Suponha-se agora que esse corpo possui uma pequena abertura em sua parede. Toda a radiação incidente nessa abertura pode ser considerada absorvida, visto que a probabilidade de ser refletida dentro do corpo e voltar pelo mesmo orifício é muito pequena. Por essa razão, pode-se afirmar que a abertura é perfeitamente absorvedora ou "negra". Como será visto mais adiante, existe uma relação intrínseca entre a temperatura de um corpo e a radiação emitida por ele. Desse modo, a radiação emitida pela abertura está em equilíbrio com o material que constitui o corpo. Essa radiação é denominada radiação de corpo negro e tem as seguintes características:

- isotrópica;
- não polarizada;
- independe da constituição e da forma do corpo em questão;
- depende apenas da temperatura do corpo e do comprimento de onda da radiação.

Com base nessas características, pode ser mostrado que a radiação de corpo negro é a máxima radiação emitida por um corpo a uma dada temperatura. Esse máximo de radiação depende, para cada comprimento de onda, da área do corpo, mas não de sua constituição. Assim, corpos negros distintos, mas com áreas e temperaturas iguais, emitem exatamente a mesma quantidade de radiação num determinado comprimento de onda. Portanto, a emissão da radiação por um corpo negro é função do comprimento de onda, da temperatura absoluta e da área do corpo, sendo regida por quatro leis fundamentais, apresentadas a seguir.

2.1 Lei de Kirchhoff

Para manter o equilíbrio radiativo e térmico, a radiação absorvida por cada unidade de área (*i*) do corpo deve ser igual à radiação que cada uma dessas unidades emite em determinado comprimento de onda.

Denotando por E_λ o fluxo constante de radiação por unidade de área (irradiância), tem-se:

$$E_{\lambda_1} = a_{\lambda_1} E_\lambda;\ E_{\lambda_2} = a_{\lambda_2} E_\lambda;\ \ldots;\ E_{\lambda_i} = a_{\lambda_i} E_\lambda \qquad \textbf{(2.1)}$$

em que $E_{\lambda_1}, E_{\lambda_2}, \ldots, E_{\lambda_i}$ são as irradiâncias emitidas por cada porção das paredes do corpo, e $a_{\lambda_1}, a_{\lambda_2}, \ldots, a_{\lambda_i}$, as absortâncias espectrais de tais porções a uma determinada temperatura de equilíbrio e comprimento de onda. Dessa forma,

$$\frac{E_{\lambda_1}}{a_{\lambda_1}} = \frac{E_{\lambda_2}}{a_{\lambda_2}} = \ldots = \frac{E_{\lambda_i}}{a_{\lambda_i}} = E_\lambda = \text{constante} \qquad \textbf{(2.2)}$$

A lei de Kirchhoff apresentada nessa forma mostra que, a uma determinada temperatura e comprimento de onda e sob condições de equilíbrio termodinâmico, a razão entre o fluxo radiativo emitido por unidade de área e a absortância de qualquer corpo é constante. Quando se trata de um corpo negro, o valor de a_λ é o máximo possível, ou seja, a unidade.

Por definição, um corpo negro é o que tem absortância unitária em todos os comprimentos de onda. A irradiância E_λ emitida a uma determinada temperatura e comprimento de onda é, no caso de um corpo negro, máxima e representada por πB_λ (B_λ, do inglês *blackbody*, e π para representar a isotropia desse tipo de radiação; para mais detalhes, refazer o Exercício 1.2). Não custa relembrar que um corpo negro emite a máxima quantidade possível de radiação em qualquer temperatura e comprimento de onda, razão pela qual se diz que ele é um emissor e um absorvedor perfeito de radiação.

Com base nesse conceito teórico da máxima radiação possível emitida por um corpo, define-se a *emissividade*, ou seja, a razão entre a irradiância emitida por um corpo qualquer a uma dada temperatura e comprimento de onda e a irradiância de um corpo negro sob as mesmas condições:

$$\varepsilon_{\lambda_1} = \frac{E_{\lambda_1}}{\pi B_\lambda},\ \varepsilon_{\lambda_2} = \frac{E_{\lambda_2}}{\pi B_\lambda},\ \dots,\ \varepsilon_{\lambda_i} = \frac{E_{\lambda_i}}{\pi B_\lambda} \qquad \textbf{(2.3)}$$

ou, da Eq. 2.2, conclui-se que:

$$\varepsilon_{\lambda_1} = a_{\lambda_1},\ \varepsilon_{\lambda_2} = a_{\lambda_2},\ \dots,\ \varepsilon_{\lambda_i} = a_{\lambda_i} \qquad \textbf{(2.4)}$$

em que ε_λ é a emissividade do corpo para o comprimento de onda considerado.

As Eqs. 2.2 a 2.4 valem para qualquer corpo em equilíbrio termodinâmico local e representam igualdades espectrais. Dessa forma, não é esperado que a absortância seja igual à emissividade de um corpo em comprimentos de onda distintos.

Finalmente, denomina-se corpo cinza aquele para o qual a absorção e a emissão de radiação são iguais e menores que a unidade em todos os comprimentos de onda. Portanto,

$$a_\lambda = \varepsilon_\lambda = \text{constante} < 1, \forall \lambda$$

Como será visto em capítulo adiante, o processo de absorção de radiação causa uma mudança no estado de uma molécula ou átomo, que passa do estado fundamental a um estado denominado excitado (mais energético). No caso da atmosfera, para que ela seja considerada em equilíbrio termodinâmico, é necessário que as moléculas possam trocar energia com seus vizinhos por um número suficiente de colisões para alcançar o equilíbrio térmico durante a vida média do estado excitado responsável pela emissão. Em outras palavras, após a absorção de radiação, se o tempo necessário para transferir energia entre as moléculas for menor que o tempo para a ocorrência de emissão de radiação, pode-se dizer que o sistema se encontra em *equilíbrio termodinâmico local*. Com o aumento da altitude, a taxa de colisões moleculares decresce, pois a densidade e a temperatura do ar diminuem, ao passo que o tempo característico do processo de emissão permanece o mesmo. Por esse motivo, a lei de Kirchhoff só é válida para altitudes menores que aproximadamente 40 km.

2.2 Lei de Planck

O modelo conceitual clássico para descrever a distribuição espectral de emissão de ondas eletromagnéticas baseava-se na teoria de vibrações elásticas. Nesse modelo, as ondas estacionárias seriam geradas em um meio de comprimento finito como resultado da interferência construtiva entre as ondas direta e refletida, de forma semelhante a uma mola ou fio esticado. A vibração fundamental ocorreria em um comprimento de onda igual a duas vezes o comprimento do fio. As demais frequências ou modos de vibração são 2, 3, 4, ..., *n* vezes a fundamental, podendo tender ao infinito. Num sólido, a série termina quando o comprimento de onda atinge duas vezes a separação dos átomos. Utilizando esse raciocínio, derivou-se a lei de radiação de Rayleigh-Jeans, na qual a densidade de energia (energia por unidade de volume, por unidade de frequência) é dada por:

$$\frac{dQ}{dV\,d\nu} = \frac{8\pi\, kT\, \nu^2}{c^3} \qquad \textbf{(2.5)}$$

em que k é a constante de Boltzman (= $1{,}3806 \times 10^{-23}\,JK^{-1}$), T, a temperatura absoluta (K), e c, a velocidade da luz.

Entretanto, tal limite não se aplica à radiação, pois, por essa lei, o aumento da frequência implicaria o aumento contínuo e ilimitado da energia radiante ($\lim \nu \to \infty \Rightarrow Q \to \infty$!!!!). Essa incoerência ficou conhecida como catástrofe do ultravioleta. Em Feynman, Leighton e Sands (1977), há um comentário mostrando a incoerência da lei do quadrado da frequência da Eq. 2.5. De acordo com essa crítica, ao abrir um forno, não se queimam os olhos com raios X emitidos por ele!

Para contornar esse problema, Max Karl Ernst Ludwig Planck (1858-1947), físico alemão agraciado com o Prêmio Nobel de Física em 1918, postulou que a energia radiativa é emitida em pacotes finitos, ou *quanta*, e que a energia de um *quantum* é dada por $h\nu$, como visto na Eq. 1.1. Com essa condição, conclui-se que a radiância espectral emitida por um corpo negro é descrita matematicamente pela função de Planck:

$$B_\nu = \frac{2h\nu^3}{c^2\left[\exp(h\nu / kT) - 1\right]} \qquad [\,\mathrm{Wm^{-2}sr^{-1}Hz^{-1}}\,] \tag{2.6}$$

em que h é a constante de Planck ($h = 6{,}626 \times 10^{-34}$ J s). Essa função é limitada matematicamente em ambos os extremos:

- para $h\nu/kT >> 1 \Rightarrow B_\nu \cong \frac{2h\nu^3}{c^2}e^{-h\nu/kT}$, denominado limite de Wien, para altas energias;
- para $h\nu/kT << 1 \Rightarrow B_\nu \cong \frac{2\nu^2 kT}{c^2}$, denominado limite de Rayleigh-Jeans, útil na região espectral das micro-ondas ($\lambda > 1$ mm) e que está de acordo com o modelo clássico.

A função de Planck também pode ser reescrita, em função do comprimento de onda λ, como:

$$B_\lambda = \frac{2hc^2}{\lambda^5\left[\exp(hc/\lambda kT) - 1\right]} \qquad [\,\mathrm{W\,m^{-2}\,sr^{-1}\,\mu m^{-1}}\,] \tag{2.7}$$

A Fig. 2.1 ilustra gráficos da função de Planck obtida utilizando-se diferentes valores de temperatura. A função tende a zero para comprimento de onda muito pequeno, contornando a limitação do modelo clássico proposto por Rayleigh-Jeans.

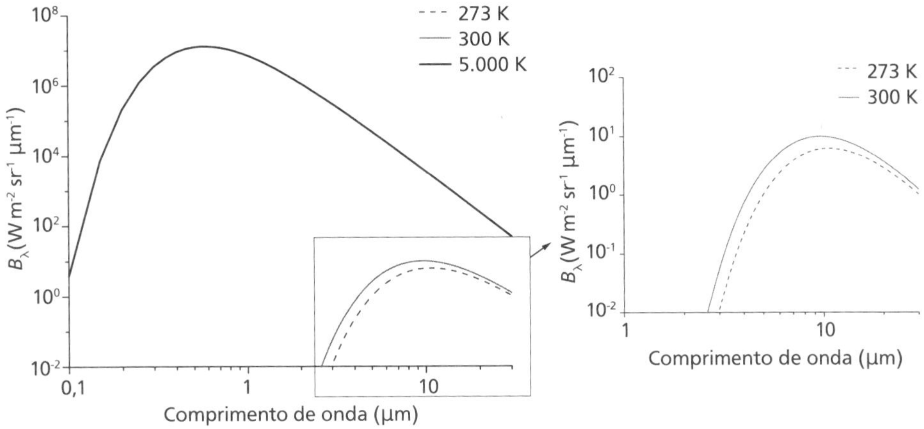

Fig. 2.1 *Função de Planck calculada para diferentes valores de temperatura*

Exercício 2.1: Obter a expressão da radiância espectral de um corpo negro em função do número de onda.

2.3 Lei de Wien

Uma das propriedades da função de Planck é que o comprimento de onda referente ao seu ponto de máximo é inversamente proporcional à temperatura para a qual ela é calculada. Essa propriedade é denominada lei do deslocamento de Wien, cuja designação remete a Wilhelm Carl Werner Otto Fritz Franz Wien (1864-1928), físico alemão ganhador do Prêmio Nobel de Física em 1911.

Em outras palavras, o valor do comprimento de onda para o qual a radiância espectral emitida por um corpo negro é máxima é inversamente proporcional à sua temperatura. Lembrando-se da definição do cálculo diferencial para a determinação do ponto crítico de uma função, ao derivar a função de Planck com relação ao comprimento de onda e igualá-la a zero, obtém-se o ponto de máximo (λ_m), ou seja:

$$\frac{\partial}{\partial \lambda} B_\lambda = 0 \Rightarrow \lambda = \lambda_m \qquad \textbf{(2.8)}$$

e, tal como apresentado:

$$\lambda_m = \frac{2.897}{T} \qquad [\mu\text{m}] \qquad \textbf{(2.9)}$$

Ou seja, quanto maior a temperatura de um corpo, menor o comprimento de onda para o qual o corpo emite radiação máxima, e vice-versa. É relativamente simples compreender o significado da lei de Wien com exemplos do cotidiano. Por exemplo, um arame incandescente emite luz no espectro visível. À medida que vai esfriando, a cor vai passando do amarelo ao vermelho, até que não se observa mais emissão no espectro visível. Para melhor compreender o conceito, resolver o Exercício 2.2.

Wien também chegou à conclusão de que a radiância espectral máxima correspondente a λ_m deveria ser proporcional à quinta potência da temperatura do corpo:

$$B_\lambda(\lambda_m, T) = K T^5 \qquad \textbf{(2.10)}$$

Essa é a segunda lei de Wien, em que K é uma constante de proporcionalidade.

Exercício 2.2: Calcular o comprimento de onda de máxima emissão para um ser humano (T = 37 °C) e para o Sol (T = 5.500 °C). Em qual banda do espectro encontram-se esses máximos de emissão? Interpretar os resultados.

Exercício 2.3: Obter o resultado da Eq. 2.9.

Exercício 2.4: Determinar o valor de K na Eq. 2.10.

2.4 Lei de Stefan-Boltzmann

A radiância total emitida por um corpo negro pode ser obtida integrando--se a função de Planck em todo o domínio de comprimento de onda:

$$B(T) = \int_0^\infty B_\lambda(T)\, d\lambda = \int_0^\infty \frac{2hc^2}{\lambda^5[\exp(hc/\lambda kT) - 1]} d\lambda \tag{2.11}$$

Com uma mudança de variável, chega-se à integral:

$$B(T) = \frac{2(kT)^4}{h^3c^2} \int_0^\infty \frac{x^3}{e^x - 1} dx$$

O resultado da integral é $\pi^4/15$ e, portanto:

$$B(T) = \frac{2\pi^4 k^4}{15h^3c^2} T^4 \tag{2.12}$$

Como a radiação emitida por um corpo negro é isotrópica, a irradiância por ele emitida será:

$$E(T) = \pi B(T) = \sigma T^4 \tag{2.13}$$

em que σ é a constante de Stefan-Boltzmann (= 5,6696 (± 0,0025) × 10^{-8} W $m^{-2}K^{-4}$).

Portanto, para "um corpo real", no qual ε é sua emissividade média no espectro de emissão, tem-se:

$$E(T) = \varepsilon\, \sigma T^4 \tag{2.14}$$

Essa é a lei de Stefan-Boltzmann, cujo nome provém de Jožef Stefan (1835-1893), físico esloveno, e Ludwig Eduard Boltzmann (1844-1906), físico austríaco conhecido como um dos pais da mecânica estatística.

Todas as leis físicas obtidas neste capítulo basearam-se na existência de equilíbrio termodinâmico. Porém, a aplicação de interesse deste livro, isto é, a atmosfera, obviamente não se encontra em tal equilíbrio, pois o campo de radiação e a sua temperatura não são constantes em todos os pontos!

Exercício 2.5: Uma superfície plana está sujeita à radiação solar a pino. A absortância dessa superfície é igual a 0,1 para radiação solar e 0,8 para radiação terrestre, onde ocorre a maior parte da emissão de radiação por essa superfície. Calcular a temperatura de equilíbrio radiativo da superfície desprezando o efeito da atmosfera e considerando que a irradiância solar com o Sol a pino é igual a 1.367 $W m^{-2}$.

Exercício 2.6: Calcular a radiância monocromática de um corpo negro à temperatura de 300 K para o comprimento de onda de 15 μm.

Exercício 2.7: Uma superfície emite irradiância igual a 459,5 $W m^{-2}$. Determinar a temperatura da superfície considerando as seguintes emissividades: a) 1,0; b) 0,9; c) 0,8.

Exercício 2.8: Para uma superfície que irradia como um corpo negro à temperatura de 1.000 K, calcular o espectro de radiância no intervalo espectral de 2×10^{-6} m a 12×10^{-6} m (considerar pelo menos seis valores de comprimento de onda nesse intervalo). Apresentar o resultado em um gráfico de radiância por comprimento de onda.

Exercício 2.9: Para uma superfície que irradia como um corpo negro à temperatura de 1.000 K, determinar o comprimento de onda de emissão máxima. Se a temperatura fosse igual a 500 K, em que comprimento de onda seria a emissão máxima? E se fosse igual a 300 K?

Radiação solar 3

3.1 O Sol

Sendo a estrela mais próxima da Terra, o Sol constitui a principal fonte de energia do planeta. Para se ter uma ideia de sua proximidade da Terra, o Sol está cerca de 300.000 vezes mais perto do que a segunda estrela mais próxima. A distância média Terra-Sol ($\bar{d}$) é denominada unidade astronômica (UA) e vale:

$$\bar{d} = 149.597.870 \pm 2 \text{ km} = 1 \text{ UA}$$

Na maioria das aplicações, é suficiente aproximar esse valor para $1{,}496 \times 10^{11}$ m. Devido à órbita elíptica da Terra ao redor do Sol, a distância solar varia em aproximadamente 3%. Isto é, entre $1{,}471 \times 10^{11}$ m no periélio, em janeiro, e $1{,}521 \times 10^{11}$ m no afélio, em julho.

O Sol é um esferoide com raio de $6{,}9626\ (\pm\ 0{,}0007) \times 10^{8}$ m e massa da ordem de $1{,}9891\ (\pm\ 0{,}0012) \times 10^{30}$ kg. Constitui-se basicamente de hidrogênio (75% de sua massa) e hélio, além de alguns elementos mais pesados, como ferro, silício, neônio e carbono. Sua temperatura decresce de aproximadamente 5×10^{6} K em sua parte central para 5.780 K na superfície. Sua densidade também diminui rapidamente com o aumento da distância ao centro, passando de cerca de 150 g cm^{-3} na parte central a 10^{-7} g cm^{-3} na superfície. Em média, a densidade é de aproximadamente 1,4 g cm^{-3}.

A fonte de energia solar está associada à fusão termonuclear de átomos de hidrogênio para hélio, que acontece no interior do Sol. Esse processo de fusão envolve quatro átomos de hidrogênio que se "transformam" em átomos de hélio. Como a massa dos átomos de hidrogênio é maior do que a do átomo de hélio, essa diferença de massa é convertida em energia (dada pela famosa equação $E = mc^2$). Nesse processo, são emitidos fótons altamente energéticos, de forma que a transferência de energia da parte mais interna até a superfície é realizada basicamente por meio de radiação eletromagnética. Essa radiação é absorvida e reemitida por átomos e gases que constituem as camadas mais externas do Sol. Ao se aproximarem da superfície, os gases quentes sofrem expansão, por entrar em contato com camadas mais frias, e tendem a ascender. Os gases mais frios, por sua vez, sofrem movimentos descendentes. Essa zona é denominada zona de convecção, e a transferência de energia ocorre parcialmente por esse processo e parcialmente por emissão de radiação eletromagnética. Finalmente, acima da superfície, o transporte de energia é novamente realizado por meio de radiação eletromagnética. É dessa forma que a Terra recebe energia do Sol.

Define-se irradiância solar total (E_0) como a taxa de energia solar integrada em todo espectro eletromagnético, recebida sobre uma unidade de área no topo da atmosfera terrestre (TOA, do inglês *top of the atmosphere*) e perpendicular à direção do Sol, à distância média Terra-Sol. Na literatura e no jargão científicos, o termo *irradiância solar total* é comumente conhecido como *constante solar*. Porém, essa taxa de energia varia em função da atividade solar e da própria distância da Terra ao Sol, e, portanto, o termo *constante* não é estritamente correto. Medidas recentes realizadas pelo Total Irradiance Monitor (TIM) e aferidas por diversos testes laboratoriais no experimento SORCE (Solar Radiation and Climate Experiment), sobre radiação e clima, efetuado pela Nasa (ver Kopp e Lean, 2011), mostram que o atual valor da irradiância solar total é:

$$E_0 = 1.360{,}8 \pm 0{,}5 \text{ W m}^{-2}$$

Levando em conta o conceito de conservação de energia, é possível determinar o valor aproximado da irradiância solar total e, consequentemente, a temperatura média do Sol. Para tanto, parte-se da hipótese de que o Sol emite radiação como um corpo negro para aplicar a lei de Stefan-Boltzmann (Eq. 2.13). A Fig. 3.1 auxilia a compreensão da geometria envolvida nos cálculos em questão.

Considerando que a potência total emitida pelo Sol (ϕ_S) é da ordem de $3{,}9 \times 10^{26}$ W, pode-se estimar a irradiância emitida por esse astro (E_S). Isto é, da Eq. 1.8, tem-se:

$$E_S = \frac{\phi_S}{A_S} = \frac{\phi_S}{4\pi R_S^2} = \frac{3{,}9 \times 10^{26}}{4\pi(7 \times 10^8)^2} \cong 6{,}3 \times 10^7 \text{ W m}^{-2}$$

Por conservação de energia, o fluxo que atravessa a área $4\pi R_S^2$ deve ser o mesmo que atravessa a área $4\pi(\bar{d} + R_S)^2$. Ou seja, $\phi_S = \phi_0$. Sendo assim, é possível dizer que:

$$\phi_S = \phi_0 \rightarrow E_S 4\pi R_S^2 = E_0 4\pi(R_S + \bar{d})^2 \rightarrow E_0 = \frac{6{,}3 \times 10^7 \, (7 \times 10^8)^2}{(\sim 1{,}5 \times 10^{11})^2} \cong 1.372 \text{ W m}^{-2}$$

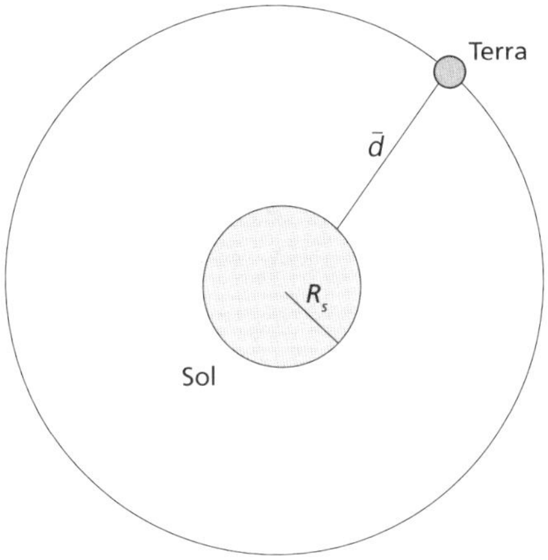

Fig. 3.1 *Esquema geométrico da posição Terra-Sol. A Terra encontra-se a uma distância de 1,0 UA do Sol*

Assim, considerando que se está trabalhando com valores aproximados, chega-se a um valor muito próximo das medidas mais recentes de E_0. E, da Eq. 2.13, pode-se ainda chegar à temperatura do Sol aproximada de 5.800 K.

Exercício 3.1: Calcular a temperatura aproximada do Sol.

Seguindo raciocínio análogo, é possível determinar a irradiância solar média incidente numa superfície perpendicular à incidência, localizada no topo da atmosfera, quando a Terra se encontra a qualquer distância do Sol, com base na irradiância solar total:

$$E(d) = \left(\frac{\bar{d}}{d} \right)^2 E_0 \qquad \textbf{(3.1)}$$

Note-se que, embora denominada irradiância solar total, a irradiância média no topo da atmosfera da Terra varia, como foi visto, não só de acordo com a distância Terra-Sol, mas também em função da própria atividade solar, em escalas de tempo de minutos a anos.

Exercício 3.2: Determinar a irradiância solar total incidente sobre uma superfície perpendicular ao feixe quando a distância Terra-Sol vale: a) $0{,}95\bar{d}$ e b) $1{,}02\bar{d}$. Com a hipótese de que o planeta atua como um corpo negro, quanto valeria sua temperatura de equilíbrio radiativo em cada uma das situações?

Exercício 3.3 (contribuição do Dr. Artemio Plana-Fattori): Já se sabe que a previsão de Arthur Clarke, em sua obra *2010: o ano em que faremos contato*, não se confirmou e Júpiter não se tornou uma estrela. Caso esse fenômeno tivesse ocorrido, qual seria o impacto desse evento sobre o planeta Terra? Para tanto, supondo que Júpiter se comporte como um corpo negro a 6.000 K, estimar a irradiância joviana recebida no topo da atmosfera terrestre, numa superfície normal à incidência de radiação, nos momentos de menor e maior afastamento entre Júpiter e a Terra. Comparar esses dois valores com a irradiância solar total. Para os cálculos, assumir que a órbita de Júpiter em torno do Sol seja circular, com raio 5,2 vezes maior que o da órbita da Terra em torno do Sol. Considerar Júpiter um planeta esférico com raio de 71.300 km.

3.1.1 A distribuição espectral da radiação solar

Conforme discutido no Cap. 1, a radiação solar está confinada majoritariamente na região espectral cujo comprimento de onda é menor que 4 μm. O espectro solar padrão é apresentado como a curva com linha de cor negra no topo da Fig. 3.2. A linha cinza mostrada nessa figura representa a irradiância solar observada ao nível do mar para uma atmosfera sem nuvens. As áreas entre as curvas representam a quantidade absorvida pelos vários gases atmosféricos, principalmente H_2O, CO_2, O_3 e O_2. As regiões do visível e do infravermelho próximo contêm a maior fração da energia solar, sendo aproximadamente 46% da radiação solar no infravermelho próximo, 46% no visível (0,4 μm a 0,7 μm) e da ordem de 8% em comprimentos de onda menores que os do visível.

3.2 Posição do disco solar acima do horizonte

Devido à grande distância entre o Sol e a Terra, a radiação solar atinge o planeta como um feixe colimado e praticamente paralelo. Esse feixe ocupa um ângulo sólido muito pequeno, equivalendo a uma porção infinitesimal do céu. Pelo mesmo motivo, apesar de suas grandes dimensões, visto da Terra o Sol ocupa um campo de visão limitado, denominado *disco solar aparente*. Na quase totalidade das aplicações em meteorologia e clima, esse disco aparente é considerado pontual. A quantidade de radiação solar que atinge a atmosfera terrestre depende da posição do disco solar no céu. Isto é, depende das variáveis astronômicas associadas à órbita da Terra ao redor do Sol.

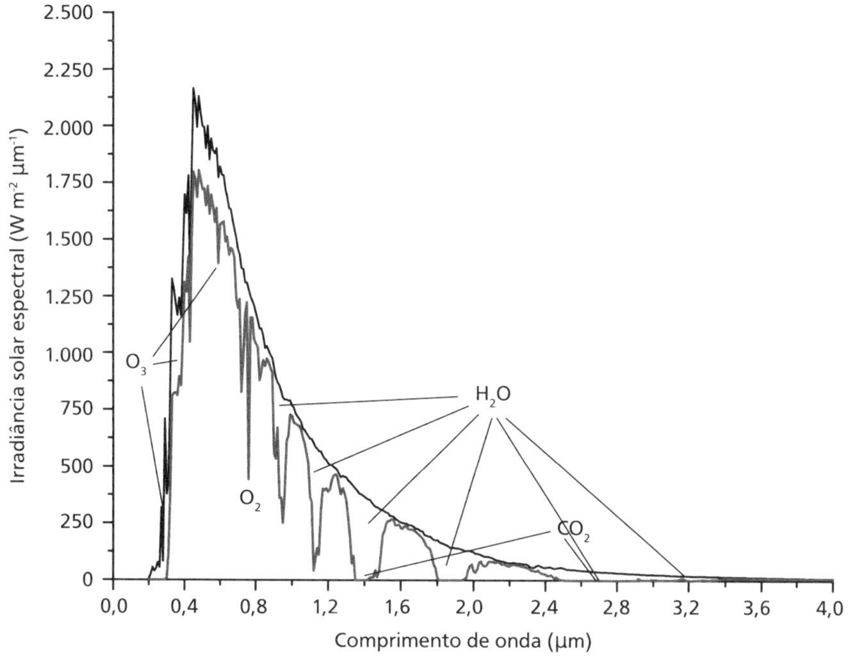

Fig. 3.2 *Curvas de distribuição espectral da irradiância solar observada no topo da atmosfera (linha negra) e à superfície (linha cinza). Os cálculos foram realizados com o modelo SBDART (Ricchiazzi et al., 1998) utilizando-se dados típicos de um dia de verão na cidade de São Paulo (SP). Em destaque são mostradas as principais bandas de absorção de radiação por gases presentes na atmosfera terrestre: ozônio (O_3), na região UV e na banda de 0,5 µm; oxigênio (O_2), na banda de 0,7 µm; gás carbônico (CO_2), nas bandas de 1,4 µm e 2,7 µm; e vapor d'água (H_2O), nas bandas de 0,94, 1,1, 1,38, 1,87, 2,7 e 3,2 µm*

Para conhecer tal posição, é necessário definir diferentes sistemas de coordenadas, com base nas posições relativas entre as esferas terrestre e celeste. Enquanto o sistema de coordenadas terrestre é baseado em coordenadas geográficas em superfície (latitude e longitude), o sistema celeste é definido a partir de uma esfera celeste imaginária ao redor da Terra e concêntrica a ela, conforme apresenta a Fig. 3.3A. A posição aparente do Sol, que se desloca pela eclíptica (Fig. 3.3B), para um observador sobre a superfície da Terra determina, portanto, a quantidade de radiação disponível em determinado ponto sobre a superfície terrestre.

3.2.1 Sistema geográfico

No sistema geográfico, a localização de um determinado ponto sobre a superfície terrestre é indicada pela sua posição em relação aos meridianos e aos paralelos. Tais posições são denominadas latitude (ϕ) e longitude (λ), respectivamente (Fig. 3.4). A latitude é utilizada para localizar um ponto na orientação norte-sul e é computada da linha do equador até o paralelo do ponto de interesse, variando entre –90° e +90° e sendo positiva no hemisfério norte. A longitude localiza um ponto na orientação leste-oeste e é computada do meridiano principal, também conhecido como de Greenwich, até o meridiano do ponto de interesse, variando de –180° a +180° e apresentando valores positivos a leste de Greenwich.

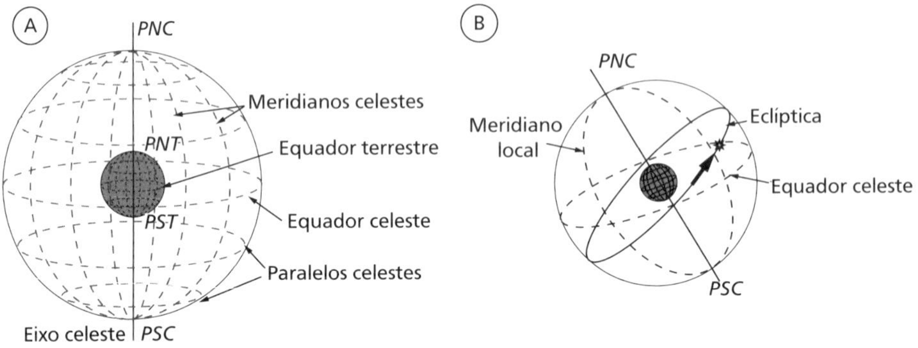

Fig. 3.3 *(A) A esfera celeste, seus meridianos e paralelos e (B) o deslocamento aparente do Sol. Nota:* PNC – *polo norte celeste,* PSC – *polo sul celeste,* PNT – *polo norte terrestre* e PST – *polo sul terrestre*

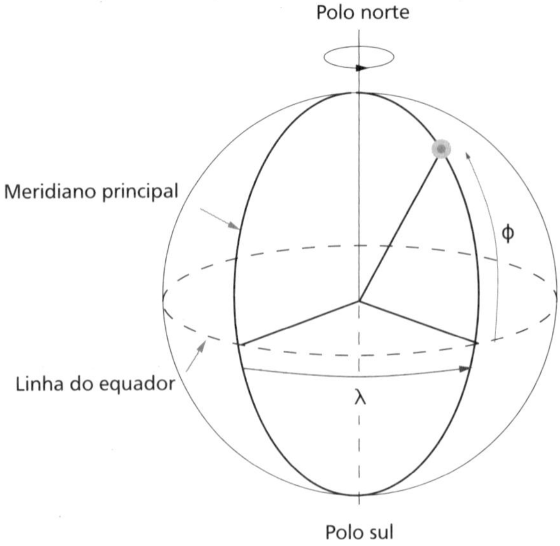

Fig. 3.4 *O sistema de coordenadas geográfico e suas coordenadas latitude (ϕ) e longitude (λ)*

3.2.2 Sistema equatorial horário

Esse sistema de coordenadas é utilizado para localizar astros no céu (Fig. 3.5). A primeira coordenada é o ângulo horário (*H*), contado de leste a oeste a partir do meridiano local até o círculo horário do astro, sobre o equador celeste. Como a Terra dá um giro completo em torno de si mesma em aproximadamente 24 horas, esse ângulo apresenta uma variação de aproximadamente 15° por hora. Por convenção, $H = 0°$ ao meio-dia solar. O sinal negativo indica que o astro está a leste do meridiano local (de manhã), enquanto o sinal positivo indica que ele está a oeste do meridiano local (à tarde). A segunda coordenada é a declinação (δ), uma medida computada do equador celeste até o paralelo do astro, sobre a esfera celeste, e que varia de –90° a +90° e é positiva para astros no hemisfério norte. A declinação é análoga à latitude geodésica terrestre.

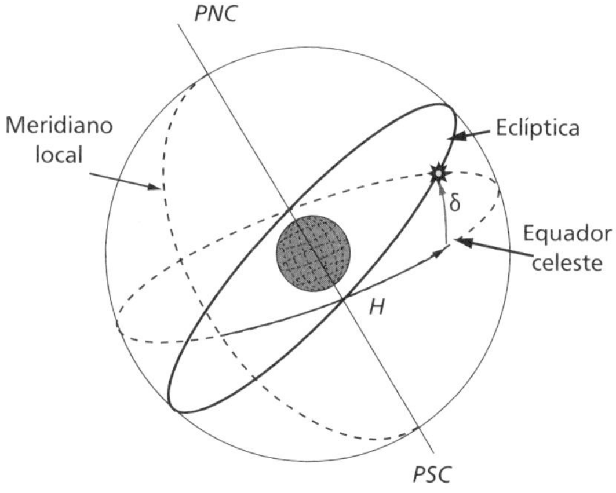

Fig. 3.5 *O sistema equatorial horário e suas coordenadas ângulo horário (H) e declinação (δ)*

3.2.3 Sistema horizontal local

Nesse sistema, o raio terrestre que passa pelo local do observador é prolongado até a esfera celeste. O ponto de intersecção da vertical local com a esfera celeste é denominado zênite. Imaginando que o observador esteja no que se chama de plano horizontal local (isto é, o plano de 360° que ele enxerga em torno de si mesmo), o zênite está exatamente na vertical sobre sua cabeça. Se esse plano horizontal local prolongar-se até a esfera celeste, tem-se o hemisfério celeste, abaixo do qual não será possível ver nenhum astro. Ou seja, o observador só enxerga o que está na abóbada acima desse plano.

Suas coordenadas são o azimute ou distância azimutal (ϕ) e a elevação (*h*). O azimute é contado do norte local até o semiplano vertical que contém o astro, sobre o plano do horizonte, de norte para leste, e varia de 0° a 360°. A elevação é computada do horizonte até o astro, sobre o semiplano vertical que contém o astro, e varia de 0° a 90° para astros visíveis acima do horizonte. A distância zenital (ζ) é o ângulo complementar à elevação, isto é, $\zeta = 90° - h$. O sistema horizontal é um sistema local, no sentido de que é fixo na Terra e suas coordenadas (ϕ, *h* ou ζ) dependem do lugar e do instante da observação, e não são características do astro.

A Fig. 3.6 apresenta um esquema desse sistema de coordenadas, sendo *N*, *S*, *O* e *L* os quatro pontos cardeais com relação a um observador (*P*) localizado no centro do sistema de coordenadas. O ponto *PN* representa o polo norte.

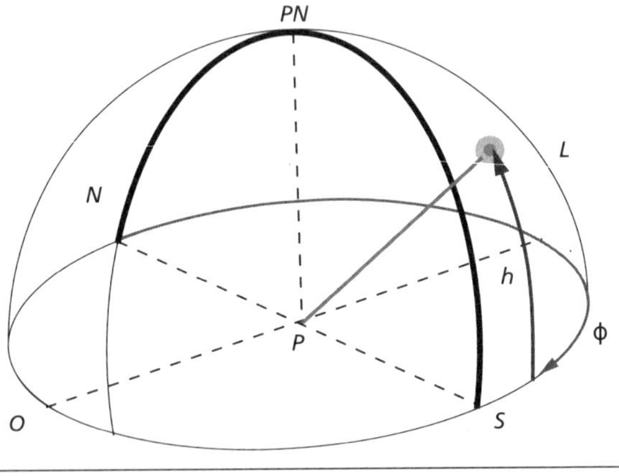

Fig. 3.6 *Esquema do sistema horizontal local de coordenadas*

3.2.4 Relações entre os sistemas de coordenadas

Após definir os sistemas de coordenadas necessários para, com base em um determinado referencial sobre a superfície da Terra, calcular a localização do disco solar no céu, o próximo passo é determinar as relações entre tais sistemas. Para tanto, algumas informações adicionais são ainda necessárias. O tempo solar é baseado na rotação da Terra sobre seu eixo polar e na sua revolução ao redor do Sol. Um dia solar é o intervalo de tempo necessário para que o Sol complete um ciclo sobre um observador estacionário na Terra, que não tem necessariamente a duração de 24 horas. Sua duração varia ao longo do ano e discrepâncias de até 16 minutos são possíveis. Essas discrepâncias podem ser calculadas por meio da equação do tempo e são medidas com relação a um movimento terrestre perfeitamente uniforme. A equação do tempo, então, indica a diferença entre o tempo solar verdadeiro e o tempo solar médio local:

$$\epsilon_t = TSV - TL \tag{3.2}$$

em que ϵ_t é a equação do tempo, *TSV*, o tempo solar verdadeiro, e *TL*, o tempo solar médio local. O tempo solar verdadeiro está associado às condições reais da órbita da Terra em torno do Sol e é por esse motivo que os dias solares não duram exatamente 24 horas. O tempo solar médio local está associado à noção de um dia solar médio, com duração exata de 24 horas. É o tempo indicado pelos relógios, cujo padrão é definido por um relógio atômico que fornece a hora oficial no mundo, o tempo universal (UTC, do inglês *coordinated universal time*, no passado indicado como GMT, do inglês *Greenwich mean time*). Para saber como funciona o atual relógio atômico do Instituto Nacional de Padrões e Tecnologia americano (National Institute of Standards and Technology, NIST), consultar <http://www.nist.gov/pml/div688/grp50/primary-frequency-standards.cfm> (NIST-F1..., s.d.).

O ângulo horário, uma das coordenadas do sistema equatorial horário, pode ser expresso em unidades de tempo (horas, minutos e segundos), utilizando-se a equação do tempo. Por convenção, é adotado $H = TSV - 12\text{h}$, de forma a associar o meio-dia solar ($TSV = 12\text{h}$) ao ângulo horário nulo, satisfazendo as condições de $H < 0$ pela manhã e $H > 0$ à tarde. Portanto:

$$TSV = TL + \epsilon_t \tag{3.2'}$$

$$H = TSV - 12\text{h} \tag{3.3}$$

$$\therefore\ H = TL + \epsilon_t - 12\text{h} = TL - (12\text{h} - \epsilon_t) \tag{3.4}$$

Por outro lado, o tempo médio local pode ser escrito em termos do tempo universal UTC e da defasagem em longitude com relação ao meridiano de Greenwich:

$$TL = UTC + (\lambda - \lambda_{Gr})(24\text{h}/360^\circ)$$

$$TL = UTC + \lambda/15^\circ \tag{3.5}$$

pois $\lambda_{Gr} = 0^\circ$ por definição e para λ em graus e *TL* e *UTC* em horas.

Dessa forma, substituindo a Eq. 3.5 na Eq. 3.4, o ângulo horário pode ser escrito na forma:

$$H = [UTC + \lambda/15^\circ - (12 - \epsilon_t)]\ 360^\circ/24\text{h} \tag{3.6}$$

obtendo-se H em graus, e não mais em unidade de tempo. O termo $\lambda/15° - (12h - \epsilon_t)$ indica o instante da passagem meridiana solar, no fuso horário de Greenwich, à longitude λ. Portanto, a hora UTC, no instante da passagem meridiana solar, é dada por:

$$UTC = -\frac{\lambda}{15°} + (12h - \epsilon_t) \Rightarrow H = 0 \qquad \textbf{(3.7)}$$

Exercício 3.4: Conhecendo o valor da equação do tempo para o dia 16 de outubro ($\epsilon_t \sim 14{,}6'$), calcular o instante da passagem meridiana solar no Parque do Estado, em São Paulo, que possui coordenadas $\phi = -23°\ 39'$; $\lambda = -46°\ 37'$.

Exercício 3.5: O *Anuário astronômico* do Instituto de Astronomia, Geofísica e Ciências Atmosféricas da Universidade de São Paulo (IAG-USP) informa, para o dia 16 de outubro de 1994, que os instantes da passagem meridiana solar em Brasília e no Rio de Janeiro valem, respectivamente, 11h 57' e 11h 38'. Estimar as longitudes dessas localidades.

A relação entre o sistema de coordenadas geográfico e o equatorial é obtida da aplicação da geometria de triângulos esféricos, de acordo com a Fig. 3.7A. Para um observador P cuja latitude é ϕ, o Sol possui ângulo zenital ζ_0. No sistema equatorial, as coordenadas do Sol são H_0 (ângulo entre o meridiano local e o meridiano do Sol) e δ_0.

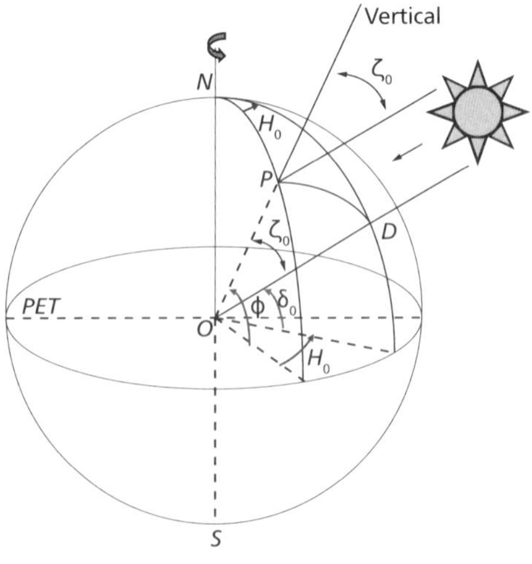

Fig. 3.7 *(A) Relação entre o ângulo zenital solar ζ_0 e a latitude ϕ, a declinação δ_0 e o ângulo horário H_0. Nota:* PET - *plano equatorial terrestre*

A fim de deduzir o valor de ζ_0, o triângulo esférico *NPD* será retirado da Fig. 3.7A e representado na Fig. 3.7B.

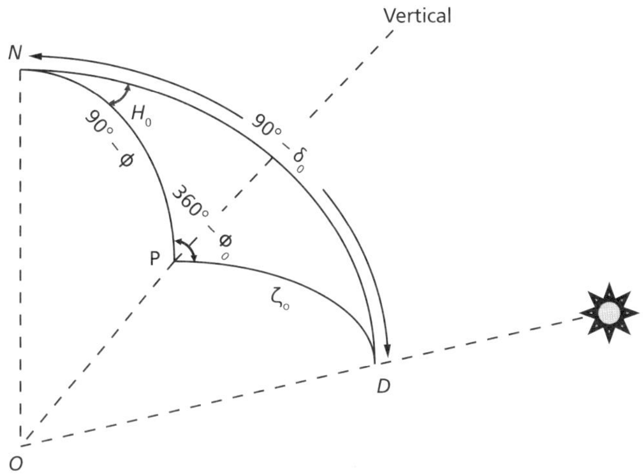

Fig. 3.7 *(B) Triângulo esférico astronômico – corte da Fig. 3.7A*

Os lados do triângulo *NPD* são dados pelas medidas (90° – ϕ), (90° – δ_0) e ζ_0. Na Fig. 3.7B é também mostrado o replemento do ângulo azimutal. Por definição, no triângulo astronômico para o hemisfério norte, o ângulo com vértice no ponto *P* é o próprio azimute ϕ_0. No entanto, para o hemisfério sul esse ângulo é dado pelo replemento de ϕ_0, isto é, 360° – ϕ_0. Assim, ao aplicar a lei dos cossenos para triângulos esféricos, tem-se:

$$\cos\zeta_0 = \cos(90° - \phi)\cos(90° - \delta_0) + \text{sen}(90° - \phi)\,\text{sen}(90° - \delta_0)\cos H$$

Simplificando:

$$\cos\zeta_0 = \text{sen}\phi\ \text{sen}\delta_0 + \cos\phi\ \cos\delta_0\ \cos H_0$$

$$\therefore\quad \zeta_0 = a\cos(\text{sen}\phi\ \text{sen}\delta_0 + \cos\phi\ \cos\delta_0\ \cos H_0) \qquad \textbf{(3.8)}$$

A Eq. 3.8 possui duas soluções (ζ_0' e ζ_0"). Adota-se a solução que proporciona $0° \leq \zeta_0 \leq 90°$, para que o disco solar esteja visível (acima do horizonte). Se $\cos\zeta_0$ é negativo, significa que o disco solar se encontra abaixo do horizonte e, por isso, é noite no local.

Utilizando o mesmo raciocínio, é possível escrever também:

$$\cos(90° - \delta_0) = +\cos\zeta_0\cos(90° - \phi) + \text{sen}\,\zeta_0\ \text{sen}(90° - \phi)\cos(360° - \phi_0)$$

Simplificando:

$$\text{sen}\,\delta_0 = \cos\zeta_0\,\text{sen}\,\phi + \text{sen}\,\zeta_0 \cos\phi \cos\phi_0$$

E, portanto:

$$\cos\phi_0 = \frac{\text{sen}\,\delta_0 - \text{sen}\,\phi \cos\zeta_0}{\text{sen}\,\zeta_0 \cos\phi} \quad \textbf{(3.9A)}$$

Ou, usando o mesmo triângulo esférico, é possível obter uma equação análoga à Eq. 3.9A e que pode ser usada quando se dispõe do ângulo horário:

$$\cos\phi_0 = \frac{\text{sen}\,\delta_0 \cos\phi - \cos\delta_0\,\text{sen}\,\phi \cos H_0}{\text{sen}\,\zeta_0} \quad \textbf{(3.9B)}$$

Ao aplicar a lei dos senos no triângulo *NPD*, tem-se:

$$\frac{\text{sen}(360° - \phi_0)}{\text{sen}(90° - \delta_0)} = \frac{-\text{sen}\,H_0}{\text{sen}\,\zeta_0}$$

Isto é,

$$\text{sen}\,\phi_0 = -\frac{\cos\delta_0\,\text{sen}\,H_0}{\text{sen}\,\zeta_0} \quad \textbf{(3.10)}$$

Para o ângulo azimutal solar, a solução é aquela que satisfaz as Eqs. 3.9 e 3.10 simultaneamente. Note-se que cada uma dessas equações admite duas soluções:

$$\phi_0 = a\,\text{sen}\left(-\frac{\cos\delta_0\,\text{sen}\,H_0}{\text{sen}\,\zeta_0}\right) \quad \textbf{(3.11)}$$

$$\phi_0 = a\cos\left(\frac{\cos\phi\,\text{sen}\,\delta_0 - \text{sen}\,\phi\cos\delta_0\cos H_0}{\text{sen}\,\zeta_0}\right) \quad \textbf{(3.12)}$$

Desse modo, por meio das Eqs. 3.8, 3.11 e 3.12, é possível calcular o ângulo zenital e o azimute do Sol em função da latitude, do ângulo horário e da declinação.

Algumas observações importantes podem ser feitas acerca dessas equações. Por exemplo, ao meio-dia solar, também denominado passagem meridiana, o valor de H_0 é definido como 0°. Assim, a posição do disco solar nesse instante é dada por:

$$H_0 = 0 \Rightarrow \therefore \cos H_0 = 1$$
$$\cos\zeta_0 = \text{sen}\,\phi\,\text{sen}\,\delta_0 + \cos\phi\cos\delta_0 = \cos(\phi - \delta_0)$$
$$\therefore \quad \zeta_0 = |\phi - \delta_o|$$

E, ainda:

$$H_0 = 0 \Rightarrow \begin{cases} sen\phi_0 = -\dfrac{\cos\delta_0 0}{sen\zeta_0} = 0 \\ \cos\phi_0 = \dfrac{\cos\phi sen\delta_0 - sen\phi\cos\delta_0}{sen\zeta_0} = -\dfrac{sen(\phi-\delta_0)}{sen\zeta_0} = -\dfrac{sen(\phi-\delta_0)}{sen(\phi-\delta_0)} = -1 \end{cases}$$

Outra aplicação das equações pode ser feita para o nascer ou ocaso solar. Nessas situações, o Sol encontra-se no horizonte e, portanto, $\zeta_0 = 90°$. Assim:

$$\zeta_0 = \pm 90° \Rightarrow \cos\zeta_0 = 0$$

$$sen\phi sen\delta_0 + \cos\phi\cos\delta_0\cos H_0 = 0 \Rightarrow \cos H_0 = -\tan\phi\tan\delta_0$$

$$\therefore \quad H_0 = a\cos(-\tan\phi\ \tan\delta_0) \qquad \textbf{(3.13)}$$

que permite duas soluções. Uma delas indica o nascer do sol, com $H_0 < 0$, enquanto a outra indica o pôr do sol, com $H_0 > 0$. Finalmente, é possível calcular a duração do dia solar, isto é, o tempo total no qual o Sol está visível acima do horizonte, na situação de ausência de refração e não se levando em conta os crepúsculos, por meio da equação:

$$N = 2H_0 = 2\left|a\cos(-\tan\phi\ \tan\delta_0)\right| \qquad \textbf{(3.14)}$$

Exercício 3.6: Conhecendo o valor da equação do tempo para o dia 21 de março ($\epsilon_t \sim -7{,}85'$), calcular a posição $\Omega_0 = (\zeta_0, \phi_0)$ do disco solar às 11h, considerando a localização geográfica do Museu de Arte de São Paulo, na Avenida Paulista ($\phi \sim 23° 33' 41''$S; $\lambda \sim 46° 39' 22''$W). Considerar $\delta_0 = 0°$.

Exercício 3.7 (2.1 de Liou, 2002): Calcular o ângulo de elevação solar ao meio-dia solar nos polos, a 60°N (S), 30°N (S) e no equador. Calcular também a duração de um dia (em horas) no equador e a 45°N no equinócio e no solstício.

3.3 Ciclos anuais

Além de variar em função do ciclo diurno, a quantidade de radiação solar que atinge o topo da atmosfera terrestre varia também de acordo com a época do ano. Essa variação deve-se às mudanças na distância Terra--Sol por causa da órbita elíptica da Terra ao redor do Sol. A variação da declinação solar, que pode ser entendida como a medida da variação do ângulo formado entre a linha que liga os centros do Sol e da Terra e o plano do equador celeste, também influi na quantidade de radiação solar incidente. Esses parâmetros, assim como a equação do tempo (isto é, o atraso ou adiantamento em relação a um Sol fictício, cujo dia dura exatamente 24 horas), apresentam ciclos anuais relativamente repetitivos.

Por exemplo, a distância Terra-Sol, normalmente expressa em termos de seu valor médio $\bar{d}$ = 149.597.870 ± 2 km (= 1 UA), apresenta variação anual de aproximadamente 0,983 UA no periélio, que ocorre em torno do dia 3 de janeiro, passando a 1 UA em torno de 4 de abril e 5 de outubro e atingindo um máximo de 1,017 UA no afélio, por volta do dia 4 de julho. Outro parâmetro de comportamento repetitivo é a declinação solar. No solstício de inverno no hemisfério sul (ou verão no hemisfério norte), que ocorre por volta do dia 21 de junho, a declinação é da ordem de 23,5°. Nos equinócios vernal (de primavera) e outonal (de outono), que acontecem, respectivamente, em torno de 21 de setembro e 21 de março no hemisfério sul, ela é nula. Finalmente, no solstício de verão no hemisfério sul (inverno no hemisfério norte), em torno de 21 de dezembro, a declinação solar é de aproximadamente –23,5°.

Na seção 3.1 foi mostrado que é possível calcular a irradiância solar incidente no topo da atmosfera em uma superfície normal ao feixe direto para qualquer distância entre a Terra e o Sol (Eq. 3.1). Já para calcular a irradiância solar que incide sobre uma superfície horizontal, é necessário o conhecimento do valor da distância Terra-Sol, da declinação solar e da equação do tempo para cada dia do ano, além da hora correspondente a esse instante. Para evitar o armazenamento de grandes quantidades de informação na forma de tabelas, foram propostas fórmulas empíricas de acordo com o dia do ano, com a hipótese de que tais parâmetros não variam ao longo de um dia, mas apenas de um dia para o outro (Paltridge; Platt, 1976):

$$\left(\frac{\bar{d}}{d}\right)^2 = 1{,}000110 + 0{,}034221\cos\Gamma + 0{,}001280\,\mathrm{sen}\,\Gamma + \\ + 0{,}000719\cos(2\Gamma) + 0{,}000077\,\mathrm{sen}(2\Gamma) \tag{3.15}$$

$$\delta_0 = [0{,}006918 - 0{,}399912\cos\Gamma + 0{,}070257\,\mathrm{sen}\,\Gamma + \\ - 0{,}006758\cos(2\Gamma) + 0{,}000907\,\mathrm{sen}(2\Gamma) + \\ - 0{,}002697\cos(3\Gamma) + 0{,}00148\,\mathrm{sen}(3\Gamma)](180°/\pi) \tag{3.16}$$

$$\epsilon_t = [0{,}000075 + 0{,}001868\cos\Gamma - 0{,}0320077\,\mathrm{sen}\,\Gamma + \\ - 0{,}014615\cos(2\Gamma) - 0{,}040849\,\mathrm{sen}(2\Gamma)]\ (1.440'/2\pi) \tag{3.17}$$

em que

$$\Gamma = 2\pi(d_n - 1) / 365 \quad \textbf{(3.18)}$$

com $d_n = 1$ para o dia 1° de janeiro e $d_n = 365$ para o dia 31 de dezembro. Nos anos bissextos, não se considera o dia 29 de fevereiro na contagem de d_n, o que acarreta aumento do erro dos ajustes em tais anos.

Algumas localidades geográficas apresentam casos particulares para o ciclo anual da posição do disco solar acima do horizonte:

a) Equador geográfico ($\phi = 0°$)

$$N = 2\left|a\cos(-\tan\phi\tan\delta_0)\right| = 12\text{h} \qquad \text{(todos os dias!)}$$
$$\cos\zeta_0 = \text{sen}\phi\ \text{sen}\delta_0 + \cos\phi\ \cos\delta_0\cos H_0$$
$$\therefore \cos\zeta_0 = \cos\delta_0\cos H_0 \qquad \text{(todos os dias!)}$$

Para $\delta_0 = 0°$ (21 de março e 21 de setembro):

$$\cos\zeta_0 = \cos\delta_0\cos H_0 = \cos H_0$$
$$\therefore \zeta_0 = \left|H_0\right|$$

b) Polos geográficos ($\phi = \pm 90°$)

$$N = 2\left|a\cos(-\tan\phi\tan\delta_0)\right| \quad \rightarrow \text{ indefinição algébrica na definição do ângulo horário!}$$

$$\cos\zeta_0 = \text{sen}\phi\ \text{sen}\delta_0 + \cos\phi\ \cos\delta_0\ \cos H_0 = \pm\ \text{sen}\delta_0$$

O que significa que a posição do disco solar depende apenas da data. Por exemplo, para $\phi = +90°$ (polo norte):

$$\Rightarrow \cos\zeta_0 = \text{sen}\,\delta_0 \begin{cases} \delta_0 = 0^0 \Rightarrow \zeta_0 = 90° \rightarrow \text{Sol no horizonte (equinócio)} \\ \delta_0 = +23{,}5^0 \Rightarrow \zeta_0 = 66{,}5° \rightarrow \text{dia (solstício de verão)} \\ \delta_0 = -23{,}5^0 \Rightarrow \zeta_0 = 113{,}5° \rightarrow \text{noite (solstício de inverno)} \end{cases}$$

Exercício 3.8: Calcular a posição $\Omega = (\zeta_0, \phi_0)$ do disco solar acima do horizonte para o edifício do IAG-USP ($\phi \sim -23{,}5597°$; $\lambda \sim -46{,}7319°$) em 23 de março de 2016, às 11h30 locais.

Exercício 3.9: Considerar dois locais ao redor do globo onde você gostaria de desfrutar alguns dias de férias, um em região tropical e outro, não. Procurar as coordenadas geográficas (podem ser aproximadas) desses locais. Qual a diferença de fuso com relação ao meridiano de Greenwich? Determinar o valor do ângulo zenital solar, a cada hora, desde o nascer até o ocaso solar, nos dias de solstício de verão e de inverno e num dos equinócios. Representar graficamente o ciclo diurno do ângulo zenital solar. Com base nesses resultados, escrever um parágrafo sucinto argumentando em qual período do ano você viajaria para tais localidades.

Como será visto no Cap. 4, alguns instrumentos utilizados para a medição da radiação solar direta possuem um sistema automático para acompanhar o movimento do Sol. Esse acompanhamento automático depende de quão precisas são as informações fornecidas ao programa que controla o motor do instrumento. Para verificar a importância de cada parâmetro na determinação da posição do disco solar, é essencial avaliar as incertezas no cálculo da distância solar zenital.

Com base na Eq. 3.8, o estimador da variância (estimador estatístico de propagação de erros) de ζ_0 é determinado como:

$$(d\zeta_0)^2 = \left(\frac{\partial \zeta_0}{\partial \phi}\right)^2 (d\phi)^2 + \left(\frac{\partial \zeta_0}{\partial \delta_0}\right)^2 (d\delta_0)^2 + \left(\frac{\partial \zeta_0}{\partial H_0}\right)^2 (dH_0)^2$$

em que

$$\frac{\partial \zeta_0}{\partial \phi} = \frac{\partial \zeta_0}{\partial(\cos\zeta_0)} \frac{\partial(\cos\zeta_0)}{\partial \phi} = \left[\frac{\partial(\cos\zeta_0)}{\partial \zeta_0}\right]^{-1} \frac{\partial(\cos\zeta_0)}{\partial \phi}$$

$$\frac{\partial(\cos\zeta_0)}{\partial \zeta_0} = -\mathrm{sen}\,\zeta_0 \quad \mathrm{e} \quad \frac{\partial(\cos\zeta_0)}{\partial \phi} = \cos\phi\ \mathrm{sen}\delta_0 - \mathrm{sen}\phi\ \cos\delta_0\ \cos H_0$$

Portanto,

$$\frac{\partial \zeta_0}{\partial \phi} = (-sen\zeta_0)^{-1}[\cos\phi sen\delta_0 - sen\phi\cos\delta_0\cos H_0] = \frac{sen\phi\cos\delta_0\cos H_0 - \cos\phi sen\delta_0}{sen\zeta_0}$$

$$\frac{\partial \zeta_0}{\partial \delta_0} = \frac{\partial \zeta_0}{\partial(\cos\zeta_0)} \frac{\partial(\cos\zeta_0)}{\partial \delta_0} = \frac{\cos\phi\ \cos H_0\ \mathrm{sen}\delta_0 - \mathrm{sen}\phi\ \cos\delta_0}{\mathrm{sen}\zeta_0}$$

$$\frac{\partial \zeta_0}{\partial H_0} = \frac{\partial \zeta_0}{\partial(\cos\zeta_0)} \frac{\partial(\cos\zeta_0)}{\partial H_0} = \frac{\cos\phi\ \cos\delta_0\ \mathrm{sen}H_0}{\mathrm{sen}\zeta_0}$$

Ao diferenciar H_0 na Eq. 3.6, têm-se:

$$(dH_0)^2 = \left(\frac{\partial H_0}{\partial(UTC)}\right)^2 (dUTC)^2 + \left(\frac{\partial H_0}{\partial \lambda}\right)^2 (d\lambda)^2 + \left(\frac{\partial H_0}{\partial \epsilon_t}\right)^2 (d\epsilon_t)^2$$

$$\frac{\partial H_0}{\partial UTC}=\frac{15^\circ}{1\text{h}};\qquad \frac{\partial H_0}{\partial \lambda}=1;\qquad \frac{\partial H_0}{\partial \epsilon_t}=\frac{15^\circ}{1\text{h}}$$

Portanto,

$$(d\zeta_0)^2=\left[\frac{\text{sen}\phi\cos\delta_0\cos H_0-\cos\phi\,\text{sen}\delta_0}{\text{sen}\zeta_0}\right]^2(d\phi)^2+\left[\frac{\cos\phi\cos H_0\,\text{sen}\delta_0-\text{sen}\phi\cos\delta_0}{\text{sen}\zeta_0}\right]^2(d\delta_0)^2$$
$$+\left[\frac{\cos\phi\cos\delta_0\,\text{sen}H_0}{\text{sen}\zeta_0}\right]^2\times\left[\left(\frac{15^\circ}{1\text{h}}\right)^2(dUTC)^2+(d\lambda)^2+\left(\frac{15^\circ}{1\text{h}}\right)^2(d\epsilon_t)^2\right] \quad \textbf{(3.19)}$$

Exercício 3.10: Analisar o impacto de uma incerteza de +0,1° tanto na latitude quanto na longitude geográficas sobre a evolução diurna da distância zenital solar calculada. Adotar as coordenadas do edifício principal do IAG-USP e as condições astronômicas correspondentes ao dia 21 de março.

Exercício 3.11: Avaliar o impacto de um atraso de um minuto na determinação de UTC ("atraso de relógio") sobre a evolução diurna da distância zenital solar calculada. Adotar as coordenadas do edifício principal do IAG-USP e as condições astronômicas correspondentes ao dia 21 de março.

3.4 Irradiação solar (dose) no topo da atmosfera

Define-se como topo da atmosfera a altitude acima da qual não seria observada interação significativa entre a radiação eletromagnética e os constituintes atmosféricos. Como foi visto no início deste capítulo, a irradiância solar incidente sobre uma superfície perpendicular ao feixe no topo da atmosfera depende da distância entre a Terra e o Sol (Eq. 3.1). Na grande maioria dos códigos de transferência radiativa, a atmosfera é aproximada como sendo constituída por camadas plano-paralelas entre si, como será visto no Cap. 6. Por essa razão, torna-se necessário conhecer o valor da irradiância solar incidente sobre uma superfície horizontal no topo da atmosfera. Para tanto, a distância zenital solar também deve ser conhecida, e da Eq. 3.1 reescreve-se a irradiância incidente no topo da atmosfera, agora sobre uma superfície horizontal:

$$E(d,\zeta_0)=\left(\frac{\bar{d}}{d}\right)^2\cos\zeta_0\,E_0 \quad \textbf{(3.20)}$$

Define-se como irradiação (ou dose) a quantidade total de energia radiante incidente em um determinado intervalo de tempo sobre uma unidade de área de uma dada superfície horizontal. Isto é, matematicamente corresponde à integração no intervalo de tempo de interesse da irradiância incidente. No topo da atmosfera e para um intervalo de tempo $\Delta t = t_2 - t_1$:

$$D(\Delta t) = D(t_1, t_2) = \int_{t_1}^{t_2} E(t)\,dt = \int_{t_1}^{t_2} \left(\frac{\bar{d}}{d(t)}\right)^2 E_0 \cos[\zeta_0(t)]dt \tag{3.21}$$

em que

$$\cos\zeta_0(t) = \text{sen}\phi\ \text{sen}[\delta_0(t)] + \cos\phi\ \cos[\delta_0(t)]\cos[H_0(t)]$$

$$H_0(t) = \{(t + C) + \lambda(1\text{h}/15°) - [12\text{h} - \epsilon_t(t)]\}(15°/1\text{h})$$

Lembrando que o termo $t + C = UTC$ é a hora local mais a diferença de fuso horário com relação ao meridiano de Greenwich. Notar que a equação do tempo também varia com o tempo.

Considerando desprezíveis as variações diurnas (ao longo de um período de 24 horas) para a distância Terra-Sol, a declinação solar e a equação do tempo, têm-se:

$$D(\Delta t) = \left(\frac{\bar{d}}{d}\right)^2 E_0 \int_{t_1}^{t_2} \cos[\zeta_0(t)]dt$$

$$\cos\zeta_0(t) = \text{sen}\phi\ sen\delta_0 + \cos\phi\ \cos\delta_0\ \cos[H_0(t)]$$

$$H_0(t) = \{(t + C) + \lambda(1\text{h}/15°) - (12\text{h} - \epsilon_t)\}(15°/1\text{h})$$

em que d, δ_0 e ϵ_t passam a indicar valores médios diários para cada data desejada.

Resumindo, a irradiação pode ser interpretada como a soma de dois termos:

$$D(\Delta t) = \left(\frac{\bar{d}}{d}\right)^2 E_0 \int_{t_1}^{t_2} \{\text{sen}\phi\ \text{sen}\delta_0 + \cos\phi\ \cos\delta_0\ \cos[H_0(t)]\}dt$$

$$= \left(\frac{\bar{d}}{d}\right)^2 E_0 \left\{\text{sen}\phi\ \text{sen}\delta_0 \int_{t_1}^{t_2} dt + \cos\phi\ \cos\delta_0 \int_{t_1}^{t_2} \cos[H_0(t)]dt\right\}$$

Considerando um dia inteiro, isto é, Δt = 24h, somente os instantes de tempo para o qual $\zeta_0 \leq 90°$ contribuem ao cálculo da irradiação solar. Dessa forma, o instante inicial corresponde ao instante do nascer do sol, e o instante final a ser considerado na integral é o instante do pôr do sol. Portanto,

$$D(24\text{h}) = \left(\frac{\bar{d}}{d}\right)^2 E_0 \left\{ \text{sen}\phi\, \text{sen}\delta_0 [t_{ocaso} - t_{nascer}] + \cos\phi \cos\delta_0 \int_{t(nascer)}^{t(ocaso)} \cos[H_0(t)]dt \right\} \quad \textbf{(3.22)}$$

Esses instantes de tempo podem ser expressos diretamente em termos dos respectivos valores do ângulo horário solar:

$$H_{ocaso} = [(t_{ocaso} + C) + \lambda(1h/15^\circ) - (12h - \epsilon_t)](15^\circ/1h) \quad \textbf{(3.23)}$$

$$\Rightarrow t_{ocaso} + C = (H_{ocaso})(1h/15^\circ) - \lambda(1h/15^\circ) + (12h - \epsilon_t) \quad \textbf{(3.24A)}$$

Analogamente,

$$\Rightarrow t_{nascer} + C = (H_{nascer})(1h/15^\circ) - \lambda(1h/15^\circ) + (12h - \epsilon_t) \quad \textbf{(3.24B)}$$

$$\Rightarrow t_{ocaso} - t_{nascer} = (H_{ocaso} - H_{nascer})(1\text{h}/15^\circ) \quad \textbf{(3.25)}$$

Além disso, tem-se:

$$H_{nascer} = -H_{ocaso} \Rightarrow t_{ocaso} - t_{nascer} = (2H_{ocaso})(1\text{h}/15^\circ) \quad \textbf{(3.26)}$$

E, como $dt = dH_0\left(\frac{1\text{h}}{15^\circ}\right)$, pode-se integrar a Eq. 3.22 diretamente em termos do ângulo horário solar:

$$\int_{t(nascer)}^{t(ocaso)} \cos[H_0(t)]dt = \int_{t(nascer)}^{t(passagem_meridiana)} \cos[H_0(t)]dt + \int_{t(passagem_meridiana)}^{t(ocaso)} \cos[H_0(t)]\,dt$$

$$= \int_{H(nascer)}^{0} \cos H_0 dH_0 (1h/15^\circ) + \int_{0}^{H(ocaso)} \cos H_0 dH_0 (1h/15^\circ)$$

$$= 2\left(\frac{1\text{h}}{15^\circ}\right) \int_{0}^{H(ocaso)} \cos H_0\, dH_0 = 2\left(\frac{1\text{h}}{15^\circ}\right) \text{sen}(H_{ocaso})$$

Resumindo, a irradiação solar em 24 horas sobre uma superfície horizontal no topo da atmosfera em uma determinada data (d, δ_0, ϵ_t) e para uma determinada localização geográfica (ϕ, λ) é obtida da equação:

$$D(24\text{h}) = \left(\frac{\bar{d}}{d}\right)^2 E_0 \left(\frac{1\text{h}}{15^\circ}\right) [2H_{ocaso}\, \text{sen}\phi\, \text{sen}\delta_0 + 2\cos\phi\, \cos\delta_0\, \text{sen}(H_{ocaso})]$$

$$= \left(\frac{\bar{d}}{d}\right)^2 E_0 (3.600)\, 2 \left[\frac{H_{ocaso}}{15°} \text{sen}\phi \, \text{sen}\delta_0 + \frac{1}{15°} \frac{180°}{\pi} \cos\phi \, \cos\delta_0 \, \text{sen}(H_{ocaso})\right]$$

em que 3.600 é o número de segundos em uma hora e $H_{ocaso} = |a\cos(-\tan\phi \tan\delta_0)|$.

Exercício 3.12: Calcular D(24h) para os dias 26 a 30 de junho levando em conta as coordenadas do IAG-USP (ϕ ~ −23,56°; λ ~ −46,73°).

Além da influência do ciclo anual e da atividade solar, conforme abordado neste capítulo, a irradiância solar incidente no topo da atmosfera varia em escala geológica, isto é, em ciclos de dezenas a milhares de anos. Esse modelo geológico para as variações orbitais foi proposto pelo geofísico e astrônomo sérvio Milutin Milanković. Para saber mais, consultar Milankovitch... (s.d.) e Berger (1988).

4 Medição de irradiância

Os instrumentos convencionais utilizados em estudos envolvendo processos radiativos na atmosfera foram desenvolvidos para medir irradiâncias, tanto em incidência normal quanto sobre uma superfície horizontal, isto é, considerando a radiação proveniente de todo um hemisfério. Em geral, tais instrumentos registram valores em intervalos espectrais definidos, em bandas espectrais largas ou estreitas. Em alguns instrumentos, é possível adaptar um colimador, de forma que o campo de visão (ou ângulo sólido) seja pequeno o suficiente para que a grandeza medida possa ser convertida em radiância. Neste capítulo serão estudados os princípios físicos de funcionamento dos principais instrumentos utilizados nas Ciências Atmosféricas para medição de irradiâncias. Tais instrumentos são genericamente denominados radiômetros, e, como será visto, um radiômetro apresenta um nome mais específico de acordo com a região espectral medida. Com base na irradiância medida em vários níveis, desde a superfície até o topo da atmosfera, é possível estudar vários aspectos do sistema Terra-atmosfera, tais como:

- a transformação de energia dentro do sistema Terra-atmosfera e de sua variação no espaço e no tempo;
- a análise das propriedades e a distribuição espaçotemporal de constituintes da atmosfera, tais como partículas de aerossol, nuvens e gases, como O_3, CO_2 e vapor d'água;
- a obtenção de propriedades físicas da superfície (albedo, emissividade);
- a avaliação do balanço de radiação na superfície e ao longo da atmosfera;
- o monitoramento do sistema Terra-atmosfera via sensoriamento remoto a bordo de satélites artificiais;
- a avaliação de medições de radiação realizadas a bordo de satélites artificiais e seus algoritmos.

4.1 Principais grandezas medidas

4.1.1 Radiação de onda curta ou radiação solar (0,3 μm a 4,0 μm)

No espectro solar, a grandeza radiométrica comumente medida é a irradiância global incidente sobre uma superfície plana horizontal (orientada para o zênite), podendo abranger todo o espectro de onda curta ou grande parte dele. O termo *global* indica que a radiação provém de todas as direções do hemisfério visível. A radiação solar que atinge a superfície pode ser decomposta em dois termos:

a) Radiação solar direta, resultante do produto entre a irradiância direcional e o cosseno da distância zenital solar. A irradiância direcional é aquela resultante do feixe que se encontra na direção do disco solar que incide sobre uma superfície normal à incidência. A transmissão da radiação solar direta decresce com o aumento da distância zenital solar (aumento do caminho óptico, ou seja, da distância efetivamente percorrida pelo feixe de radiação ao se propagar em um meio) e, particularmente, com o aumento da concentração de constituintes atmosféricos opticamente ativos (gases, partículas de aerossol, nuvens, cristais de gelo etc.).
b) Radiação solar difusa, proveniente de todo o céu, que é resultante do espalhamento de radiação solar pelas moléculas de gases, partículas de aerossol e nuvens. Exclui-se, portanto, a região do disco solar, mas inclui-se a contribuição da reflexão da superfície que é novamente espalhada pela atmosfera ou por outras superfícies vizinhas.

A distribuição espectral dos dois componentes é diferente, e geralmente a radiação difusa é mais rica em onda curta do que o componente direto. Isso se deve à forte dependência espectral do espalhamento molecular, que remove de forma mais eficaz radiação do feixe solar direto com comprimento de onda menor, tema que será discutido de forma mais detalhada no Cap. 5.

A irradiância solar global E_g é, portanto, igual à soma da irradiância solar direta E_s com a difusa E_d:

$$E_g = E_s + E_d \quad \textbf{(4.1)}$$

em que

$$E_s = E_0 t_D \quad \textbf{(4.2)}$$

e t_D é a transmitância direta ou fração do feixe incidente que não sofreu interação com o meio que atravessa.

Para radiação monocromática, fora de regiões espectrais com absorção gasosa muito intensa, e uma atmosfera não refrativa plano-paralela, a transmitância espectral direta é obtida por:

$$t_D(\lambda) = e^{-\tau(\lambda)/\cos\zeta_0} \tag{4.3}$$

em que $\tau(\lambda)$ é a profundidade óptica de extinção da atmosfera no comprimento de onda correspondente, e ζ_0, a distância zenital solar. Essa lei de atenuação exponencial é conhecida como lei de Beer-Lambert-Bouguer.

Ao nível da superfície, o instrumento para medir a irradiância solar global pode ser apontado para cima, permitindo-se a medição da irradiância global incidente à superfície, ou para baixo, medindo-se a irradiância solar global refletida pela superfície. Todos os três componentes da radiação solar são mensuráveis, sendo requeridos instrumentos específicos para cada componente, como será visto ainda neste capítulo.

Exercício 4.1: Um balão meteorológico está localizado a 8 km de altitude, onde a profundidade óptica relativa ao topo da atmosfera vale 0,03. Um sensor nesse balão mede a radiância monocromática de comprimento de onda λ, perpendicular ao sensor, de 2,0 $Wm^{-2}sr^{-1}\mu m^{-1}$. À superfície, um fotômetro acaba de medir a profundidade óptica total da atmosfera para o comprimento de onda λ do feixe de radiação, a qual vale 0,19. Determinar, para o comprimento de onda λ, a radiância espectral:

a) incidente no topo da atmosfera;
b) à superfície.

Exercício 4.2: A radiância espectral de 875 $Wm^{-2}sr^{-1}/\mu m$ foi medida com um fotômetro solar no instante em que a elevação do Sol era de 35°. A radiância incidente no topo no mesmo comprimento de onda era igual a 2.000 $Wm^{-2}sr^{-1}/\mu m$. Com base nessas informações, determinar a profundidade óptica da atmosfera no instante da medição.

4.1.2 Radiação de onda longa ou radiação terrestre (4 μm a 100 μm)

Conforme discutido no Cap. 2, devido à temperatura predominantemente abaixo ou da ordem de 300 K, a radiação emitida pelo sistema Terra-atmosfera concentra-se na região espectral cujo comprimento de onda é maior que 4 μm. Em geral, considera-se essa emissão como isotrópica e as medições limitam-se às irradiâncias emitidas pela superfície e pela atmosfera. Por essa razão, instalam-se instrumentos apontados para cima e para baixo.

4.1.3 Radiação total

Por definição, a radiação total é a soma da radiação solar com a terrestre e, portanto, cobre todo o intervalo espectral, de 0,3 μm a aproximadamente 100 μm. Apontando radiômetros para cima e para baixo, é possível, por exemplo, obter diretamente o saldo de radiação total à superfície, que é basicamente a diferença entre a quantidade incidente (seja solar, seja emitida pela atmosfera) e a quantidade total de radiação emergente (seja por reflexão de radiação solar, seja por emissão de radiação terrestre).

4.1.4 Medidas em bandas espectrais (filtros)

A utilização de filtros ou detectores seletivos em regiões espectrais mais estreitas tem finalidade específica, como a caracterização espectral do sistema Terra-atmosfera. Apontando o instrumento para baixo, pode-se, por exemplo, obter a refletância espectral da superfície na região de onda curta. Se for um instrumento que mede onda longa, pode-se determinar a emissividade da superfície. Outras aplicações incluem, por exemplo, a determinação da concentração dos constituintes atmosféricos que interagem com a radiação em regiões espectrais específicas, como o ozônio, na região ultravioleta, ou o vapor d'água, ao redor de 940 nm. Em aplicações na área de Agrometeorologia, é fundamental a medição de irradiância na região espectral fotossinteticamente ativa, isto é, entre 400 nm e 700 nm. Já a região espectral do ultravioleta é importante em estudos de impacto ambiental e de poluição atmosférica e devido aos seus efeitos biológicos.

4.1.5 Medidas orientadas em ângulos sólidos pequenos

Conforme discutido no início deste capítulo, restringindo o ângulo sólido de um radiômetro com o auxílio de um colimador, podem-se obter valores de radiâncias provenientes de uma determinada orientação. Uma das aplicações para esse tipo de medida é a avaliação da transmitância direta da atmosfera, direcionando o sensor para o disco solar. Ao medir a radiância difusa do céu, pode-se estudar o espalhamento de radiação pelos constituintes atmosféricos, e, apontando o sensor para a superfície, é possível estudar a distribuição angular da radiância refletida, cujos processos em geral não são isotrópicos.

4.2 Princípios físicos da medição de radiação

Os radiômetros mais utilizados nas Ciências Atmosféricas podem ser genericamente classificados em detectores térmicos e detectores fotoelétricos (fotodetectores), cujos princípios físicos são discutidos a seguir, conforme Coulson (1975).

4.2.1 Detectores térmicos

Sua operação é baseada na transformação de energia radiante em energia térmica, sendo utilizada a temperatura resultante como um indicador de irradiância. Como tais detectores apresentam resposta à energia total absorvida, em geral eles são não seletivos em termos de espectro eletromagnético. Entretanto, devido às limitações dos materiais absorvedores (em geral, corpos não negros), essa característica não seletiva é difícil de ser obtida completamente em operação, já que a absortância de tais materiais pode variar ligeiramente nos diferentes comprimentos de onda, ou seja, não existem corpos cinza ou negros perfeitos. Os principais tipos de detector térmico são os calorímetros, os termopares ou as termopilhas e os bolômetros.

Nos calorímetros, a quantidade de energia radiante absorvida é determinada por medidas de mudanças de temperatura do material. Embora apresente a vantagem de ser um detector simples, apresenta baixa sensibilidade e resposta muito lenta.

Nos detectores constituídos por termopares e termopilhas, há uma diferença de temperatura entre uma junção de dois metais diferentes e uma junção de referência (termopar) causada pela absorção de radiação. Essa diferença de temperatura gera uma força eletromotriz (*fem*) que é a grandeza medida. A quantidade de força eletromotriz depende dos tipos de metal. Como a utilização de um único termopar resulta em baixa sensibilidade, é comum o uso de termopares em série (termopilhas), aumentando a sensibilidade do detector.

O detector tipo bolômetro é o mais sensível entre os detectores de radiação não seletivos. Sua operação é baseada na variação da resistência de um metal ou semicondutor com a temperatura. Em geral é constituído por um fio metálico fino conectado a um circuito elétrico. Quando a radiação incide sobre o fio metálico, este sofre um aquecimento, aumentando sua resistência. A configuração comumente encontrada é apresentada na Fig. 4.1. Os dois elementos de resistência, A e B, constituem os braços de uma ponte de Wheatstone. O resistor A (termistor) é "exposto" à radiação, enquanto o resistor B é "mantido à sombra". A diferença de temperatura relativa que é gerada entre eles resulta em uma rápida resposta dada pelo desequilíbrio na ponte. A diferença em condutividade é proporcional à irradiância incidente (Coulson, 1975). É importante ressaltar que o termistor é um elemento sensível que não está ele mesmo exposto à radiação. Ele mede a mudança de temperatura de um corpo absorvente do fluxo radiativo com o qual está em contato, e o circuito serve justamente para detectar esse sinal.

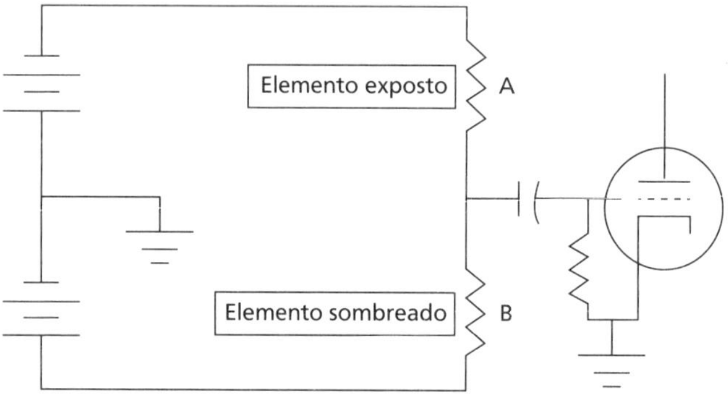

Fig. 4.1 *As conexões elétricas de um bolômetro*

4.2.2 Fotodetectores

No caso desses detectores, o sensor é ativado por eventos discretos de fótons que incidem sobre o material. Por esse motivo, tais detectores apresentam respostas mais rápidas e maior sensibilidade. Por se basearem em princípios da física quântica, podem apresentar seletividade espectral. Os principais tipos são os fotovoltaicos, os fotocondutores e as células fotoemissivas.

Nos sensores fotovoltaicos, quando iluminados por radiação visível ou do ultravioleta próximo, a tensão gerada é mensurável sem a necessidade de fontes externas. Ao ser exposto à radiação, o sensor produz uma corrente elétrica, sendo, por isso, o mais simples na categoria dos fotodetectores.

Nos fotocondutores, a condutividade elétrica do material varia com o fluxo de radiação incidente. São eficientes na região espectral do infravermelho. A desvantagem deve-se ao fato de, em geral, necessitarem de resfriamento.

Os detectores fotoemissivos apresentam como princípio físico a ejeção de elétrons do material quando uma onda eletromagnética incide sobre ele, de acordo com o efeito fotoelétrico (efeito cascata). Tais instrumentos são sensíveis nas regiões espectrais do ultravioleta, do visível e do infravermelho próximo.

4.3 Calibração

A calibração consiste na conversão das grandezas medidas pelos instrumentos (tensão, corrente, diferença de temperatura) para a grandeza radiométrica de interesse, seja irradiância, seja radiância, espectral ou não. Para tanto, é necessária a utilização de fontes cuja grandeza radiométrica seja conhecida com precisão e exatidão. As fontes de radiação podem ser:

a) a radiação solar sob condição de atmosfera limpa e estável, em geral obtida no topo de montanhas;
b) fontes incandescentes, tais como lâmpadas padrão para determinação de energia absoluta (existem lâmpadas padrão específicas para calibração de radiômetros em unidades de radiância espectral, irradiância espectral e irradiância total);
c) cavidades de corpo negro de alta temperatura, com formato cônico, cilíndrico ou esférico, de cor negra, com uma abertura e aquecidas a uma temperatura entre 1.000 K e 3.000 K;
d) cavidades de corpo negro de baixa temperatura, nos mesmos formatos, mas com temperaturas variando entre 170 K e 350 K.

A verificação periódica das constantes de calibração faz-se necessária para avaliar o efeito do envelhecimento dos componentes sensíveis e os possíveis efeitos causados por variação de temperatura.

4.4 Algumas aplicações

Inúmeras são as aplicações resultantes das medições de radiação eletromagnética no sistema Terra-atmosfera. Nesta seção algumas das aplicações são discutidas de maneira breve, ilustrando-se sua importância no contexto das mudanças climáticas globais, em escala sinótica e em microescala, sendo abrangida boa parte das áreas da Meteorologia.

No que diz respeito a alterações climáticas do planeta, é importante, por exemplo, monitorar o seu equilíbrio radiativo. Isto é, se, em média, sobre um tempo suficientemente grande (escalas maiores ou da ordem de 30 anos), a quantidade de radiação incidente é igual à quantidade de radiação emergente:

$$E_{inc} = E_{em}$$

em que E_{inc} é a irradiância solar incidente no topo da atmosfera, e E_{em}, a irradiância solar emergente, isto é, aquela refletida pela superfície e pela atmosfera somada à irradiância de onda longa emitida pela superfície e pela atmosfera. A radiação de onda longa proveniente do espaço é desprezível e, portanto, não é considerada no balanço.

Com base em medições da irradiância solar incidente e refletida ao nível da superfície, é possível determinar o albedo da superfície (A), que é a razão entre a irradiância refletida pela superfície e a irradiância incidente:

$$A = \frac{E_{em}}{E_{inc}} \tag{4.4}$$

Outras aplicações com medições à superfície incluem o balanço de energia à superfície e a determinação dos fluxos de calor latente e sensível. Neste caso, medem-se a irradiância solar global incidente, a irradiância solar global refletida pela superfície, a irradiância emitida pela atmosfera em direção à superfície e a irradiância emitida pela superfície. É possível estender o estudo ao ciclo de carbono, determinando-se os fluxos de CO_2 sobre uma certa cobertura vegetal, assim como avaliar a produtividade de culturas agrícolas.

A depender da região espectral, podem-se determinar as quantidades relacionadas aos constituintes atmosféricos integrados na coluna vertical, como vapor d'água, aerossol, ozônio e cobertura de nuvens.

Toda a tecnologia do sensoriamento remoto do sistema Terra-atmosfera é baseada em medições de grandezas radiométricas. As aplicações variam, em particular, de acordo com a região e a resolução espectral, a varredura angular, a resolução espacial do sensor e o tipo de órbita do satélite, que define a resolução temporal das grandezas radiométricas medidas sobre uma determinada região.

Exercício 4.3: Em que outras situações é importante medir a radiação solar e/ou terrestre?

4.5 Instrumentos convencionais

Nesta seção é apresentada uma lista simplificada dos instrumentos mais comuns para medição de radiação.

- *Piranômetro* (Figs. 4.2 e 4.3A): mede a irradiância solar global incidente ou refletida, proveniente de todo o hemisfério, sobre uma superfície plana horizontal. Em geral, o intervalo espectral de medidas de um piranômetro encontra-se entre 0,2 µm e 2,8 µm. Com o auxílio de um disco ou anel de sombreamento, é possível medir o componente difuso da irradiância solar (Fig. 4.3B).

Fig. 4.2 *Piranômetro modelo CMP21, fabricado por Kipp & Zonen*
Foto: <http://www.kippzonen.com/Product/14/CMP-21-Pyranometer>.

Fig. 4.3 *(A) Parque instrumental com piranômetro, (B) piranômetro com bola de sombreamento e (C) pireliômetro*
Foto: <http://www.volker-quaschning.de>.

- *Piranômetro espectral*: mede o componente global, difuso ou refletido da irradiância solar em bandas espectrais largas, em geral com o auxílio de filtros.
- *Net piranômetro*: mede a irradiância solar global líquida. Em geral é constituído por dois sensores, um apontando para cima e medindo a irradiância solar incidente e outro apontando para baixo e medindo a irradiância solar refletida pela superfície.
- *Pireliômetro* (Fig. 4.3C): mede a irradiância solar direta em *incidência normal*. É constituído por um colimador com pequeno campo de visão (ângulo sólido), de forma a minimizar a contribuição da radiação difusa gerada por espalhamento na direção frontal. Em geral, é acoplado a um sistema automático de rastreamento do Sol.
- *Pireliômetro espectral*: mede a irradiância solar direta em bandas espectrais largas.
- *Fotômetro solar* (Fig. 4.4): mede a irradiância solar direta em bandas espectrais estreitas (a largura a meia altura da banda pode variar entre 2 nm e 10 nm na maioria dos fotômetros).

Fig. 4.4 *Fotômetro solar Cimel/AERONET (Aerosol Robotic Network – ver Holben et al., 1998)*
Foto: <http://science.gsfc.nasa.gov>.

- *Pirgeômetro* (Fig. 4.5): mede a irradiância na região do infravermelho térmico proveniente de um hemisfério sobre uma superfície plana horizontal. Pode mensurar a irradiância emitida por camadas da atmosfera e pela superfície. É projetado para medir irradiância no intervalo entre 4 μm e 50 μm, aproximadamente.
- *Pirradiômetro*: mede a irradiância total, isto é, a radiação solar global incidente e de onda longa emitida pela atmosfera, se apontado para cima, ou a solar global refletida e de onda longa emitida pela superfície, se apontado para baixo.

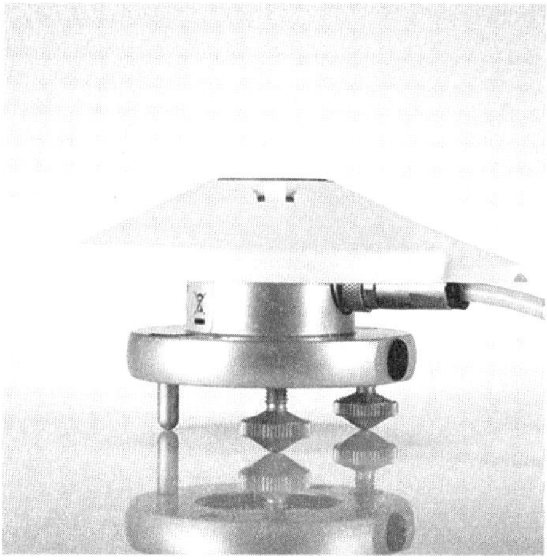

Fig. 4.5 *Pirgeômetro modelo CGR3, da Kipp & Zonen*
Foto: <http://www.kippzonen.com/Product/16/CGR-3-Pyrgeometer>.

- *Net pirradiômetro* ou *saldorradiômetro*: mede a irradiância total líquida, resultante da diferença entre os componentes “para cima” e “para baixo”.

5 Absorção e espalhamento

Em capítulos anteriores, viu-se que o processo de absorção remove energia radiativa do feixe incidente, transformando-a em outras formas de energia, principalmente energia térmica. Por outro lado, no espalhamento da radiação, a energia que incide em uma direção é espalhada ou desviada para outras direções, havendo a produção de radiação difusa.

Tais processos são promovidos por alguns constituintes atmosféricos e dependem tanto de suas características físicas, como formato e tamanho da partícula com relação ao comprimento de onda da radiação incidente, quanto de sua composição química, baseada no arranjo dos átomos que compõem as moléculas. Neste capítulo são apresentados os principais constituintes atmosféricos que interagem com a radiação eletromagnética. Antes, um exemplo do papel dos processos radiativos na atmosfera é discutido.

O perfil vertical de temperatura da atmosfera tem relação estreita com os processos radiativos. A Fig. 5.1 ilustra perfis verticais de temperaturas médias em diferentes regiões da Terra, em que é possível observar que, próximo à superfície, a temperatura apresenta um declínio praticamente linear com a altura. Essa região é denominada troposfera e seu perfil de temperatura decorre do aquecimento radiativo da superfície, que transfere calor às camadas mais inferiores da atmosfera. Devido à diminuição da densidade com a altura, a temperatura decresce, permitindo que o ar se expanda e se resfrie. É necessário salientar que essa é uma visão simplista dessa relação causa-efeito, uma vez que a atmosfera não é autoconvectiva. Por outro lado, é importante ressaltar que o aquecimento dessa camada se dá pela transferência de calor por turbulência a partir da superfície, e não por absorção da radiação. Na troposfera ocorrem quase todos os fenômenos meteorológicos e de grande turbulência e concentram-se 75% de toda a massa de gases, além de praticamente todo o conteúdo de aerossóis e de vapor d'água.

O limite superior dessa região, denominado tropopausa, é detectado por uma pausa do perfil decrescente de temperatura e localiza-se a cerca de

16 km de altitude nos trópicos e a aproximadamente 8 km nos polos. Acima da tropopausa, por cerca de 40 km a 50 km, estende-se a estratosfera, onde o perfil de temperatura passa a ser crescente. O mínimo de temperatura observado na tropopausa e o aumento de temperatura nas regiões superiores devem-se a processos radiativos, mais precisamente à absorção de radiação solar pela camada de ozônio. A estratosfera é uma região de densidade muito baixa, cujas circulações são intimamente relacionadas às variações de temperatura e às mudanças de circulação da troposfera. Porém, essas interações entre ambas as camadas são complexas e ainda pouco conhecidas.

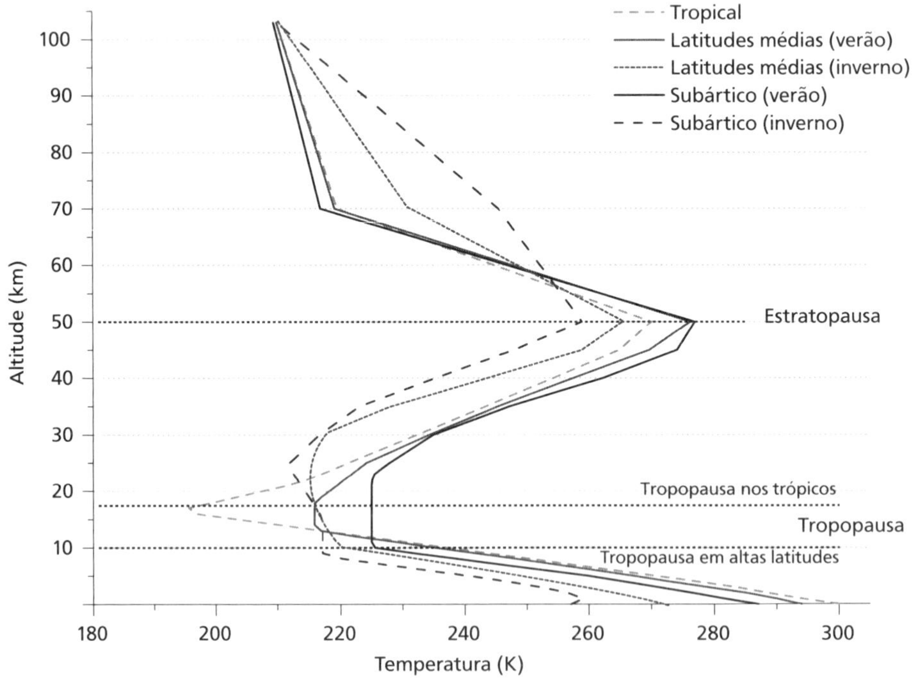

Fig. 5.1 *Modelos empíricos de perfis de temperatura padrão para algumas localidades e épocas do ano*

Fonte: adaptado de Ricchiazzi et al. (1998).

Outra região de inversão de temperatura é observada no topo da estratosfera e chama-se estratopausa. Acima dela, entre 50 km e 90 km de altitude, há novamente uma região de forte declínio de temperatura, a mesosfera, na qual a pressão decresce de 1 hPa a 50 km de altitude para 0,01 hPa a 90 km. No topo da mesosfera, em torno de 85 km a 90 km, define-se a mesopausa, onde ocorre um segundo mínimo de temperatura. Novamente, o declínio de temperatura é devido a processos radiativos, decorrentes da diminuição da concentração do ozônio e de um aumento na eficiência de resfriamento radiativo. As baixas concentrações de ozônio nessas altitudes implicam um aquecimento solar reduzido, e, além disso, o resfriamento radiativo no infravermelho permite que essa região seja significativamente mais fria do que a estratosfera. Porém, é importante observar que processos dinâmicos também são importantes nessa região.

Denominada termosfera, a região acima de 90 km possui densidade muito tênue. Sua parte inferior é composta de nitrogênio, oxigênio molecular e oxigênio atômico, este último predominante acima do nível de 200 km. Como as densidades são muito baixas e, consequentemente, o livre caminho médio das moléculas é muito grande, são registradas temperaturas teóricas em torno de 800 K a 1.200 K nessa camada, justificando seu nome. Além disso, a termosfera é afetada por radiação cósmica, raios X e radiação UV, que ionizam as moléculas de oxigênio e nitrogênio, contribuindo para o aquecimento da camada e produzindo fenômenos como as auroras boreais e austrais observadas entre 80 km e 300 km de altitude próximo a regiões polares da Terra. Por essa razão, o termo *ionosfera* é comumente aplicado às camadas superiores a 80 km. É essa região que torna possível a transmissão de ondas de rádio, por refleti-las de volta à superfície da Terra.

5.1 Constituintes atmosféricos relevantes

A atmosfera é composta de um grupo de gases com concentração praticamente constante e um grupo de gases com concentração variável. Praticamente 99% da atmosfera seca é constituída por nitrogênio (N_2) e oxigênio (O_2), enquanto o restante dos gases que compõem essa parte seca são denominados gases-traço. Entre eles, o argônio (Ar) representa 0,93% dessa quantidade. Mesmo em quantidades muito pequenas, boa parte dos gases-traço é importante para os processos radiativos na atmosfera, principalmente aqueles chamados de gases do efeito estufa, tais como dióxido de carbono (CO_2), metano (CH_4), óxido nitroso (N_2O), ozônio (O_3) e clorofluorcarbonetos (CFCs). A composição gasosa da atmosfera é completada pela sua parte úmida, devido à presença do vapor d'água (H_2O_v), também um importante gás do efeito estufa. A concentração de H_2O_v na atmosfera é bastante variável, podendo representar até 3% a 4% do volume parcial. Essas variações ocorrem de acordo com as características geográficas e temporais. A atmosfera também contém partículas sólidas e líquidas, que constituem os aerossóis atmosféricos, gotas d'água e cristais de gelo. As concentrações desses constituintes atmosféricos também variam significativamente no espaço e no tempo. Por sua abundância na atmosfera ou sua importância aos processos radiativos, serão discutidos os principais mecanismos que caracterizam o ciclo desses compostos na atmosfera.

5.1.1 Gases

- *Nitrogênio* (N_2): removido da atmosfera e depositado na superfície pelas bactérias fixadoras de N_2 e, durante as precipitações, pelos relâmpagos. Retorna para a atmosfera por combustão de biomassa e pela desnitrificação realizada por determinados tipos de bactéria. Os principais compostos envolvidos nesses processos de remoção e reposição do N_2 na atmosfera são óxido nitroso (N_2O), óxido nítrico (NO), dióxido de nitrogênio (NO_2), ácido nítrico (HNO_3) e amônia (NH_3).
- *Oxigênio* (O_2): a presença de O_2 na atmosfera é garantida por um equilíbrio entre a produção a partir da fotossíntese e a remoção por meio da respiração e da decomposição de carbono orgânico.
- *Vapor d'água* (H_2O_v): a concentração na atmosfera é variável tanto espacial quanto temporalmente. As maiores concentrações estão próximas ao equador, sobre os oceanos e florestas tropicais úmidas. As menores concentrações são observadas sobre as áreas polares frias e as regiões subtropicais desérticas. As várias funções importantes do vapor d'água no planeta são: a) redistribuição de energia via calor latente; b) condensação e precipitação, fornecendo água doce essencial para a sobrevivência de plantas e animais; e c) aquecimento da atmosfera terrestre por meio do efeito estufa.
- *Dióxido de carbono* (CO_2): desde 1750 houve um aumento significativo na concentração desse gás na atmosfera, variando de 280 ppm à ordem de 400 ppm, que corresponde ao valor médio mensal para janeiro de 2015, de acordo com medições realizadas no Observatório de Mauna Loa, no Havaí, coordenadas pelos pesquisadores Dr. Pieter Tans, da NOAA/ESRL (www.esrl.noaa.gov/gmd/ccgg/trends/), e Dr. Ralph Keeling, da Scripps Institution of Oceanography (scrippsco2.ucsd.edu/). Vale lembrar que 1 ppm = 1 ppmv = uma parte por milhão por volume, o que significa que a concentração volumétrica do gás considerado é um milhão de vezes menor que o volume total da atmosfera. Esse aumento de sua concentração é associado à queima de combustíveis fósseis, ao desmatamento e a mudanças no uso da terra e é indicado como um dos responsáveis pelo aquecimento global pela intensificação do efeito estufa. Seu

ciclo natural é majoritariamente realizado via fotossíntese e respiração. Outras fontes naturais incluem erupção vulcânica, combustão de matéria orgânica e queimadas naturais.

- *Metano* (CH_4): outro importante gás do efeito estufa. Após o desencadeamento da Revolução Industrial, apresentou um aumento superior a 140% em sua concentração na atmosfera. As principais fontes antrópicas são o cultivo de arroz, devido à condição anaeróbica das áreas alagadas, a criação de animais herbívoros em grande escala, uma vez que o seu processo digestivo produz altas quantidades desse gás, a presença maciça de cupins em virtude do desmatamento, e a construção de aterros e usinas hidroelétricas, pela decomposição de material orgânico, assim como a mineração de carvão e a extração de óleo e gás, atividades que fazem o solo liberar metano quando escavado ou perfurado.

Alguns outros gases, mesmo em quantidades ainda muito menores, podem exercer influência relevante no balanço global de radiação, na termodinâmica da atmosfera e no saldo de radiação que atinge a superfície. O aumento da sua concentração, geralmente, está associado a atividades antrópicas, como a urbanização e a industrialização. São eles:

- *Ozônio* (O_3): concentrado majoritariamente entre 20 km e 40 km de altitude, tem um ciclo de produção e destruição, denominado ciclo de Chapman, regido por reações fotoquímicas do oxigênio na presença de radiação UV. No entanto, esse ciclo foi desequilibrado por atividades antrópicas que contribuíram para o aumento de compostos derivados de CFCs. Próximo à superfície, o O_3 é nocivo ao ser humano, e as atividades antrópicas contribuem indiretamente para o aumento da concentração desse gás devido à emissão de óxidos de nitrogênio, precursores de sua formação.
- *Óxidos de nitrogênio* (NO_x): são produzidos por mecanismos biológicos nos oceanos e no solo e emitidos para a atmosfera também por combustão industrial, automóveis, aviões, queima de biomassa e resíduo de fertilizantes. Essas emissões cresceram cerca de 200% entre 1940 e 1980 em virtude da atividade humana. Aproximadamente 25% dessa massa total de NO_x concentra-se na estratosfera, onde sofre dissociação fotoquímica.
- *Derivados de enxofre* (SO_x): 90% desses gases são originários da queima de carvão e petróleo. As maiores concentrações na atmosfera são o dióxido de enxofre (SO_2), o sulfeto de hidrogênio (H_2S) e

o dimetil sulfeto (DMS). Este último é primariamente produzido por atividade biológica próxima à superfície oceânica. A atividade vulcânica libera aproximadamente 10^9 kg de enxofre por ano na forma de SO_2. Os elementos derivados de enxofre possuem vida curta (~24h), mas a conversão de H_2S gasoso em partículas sólidas de enxofre é uma importante fonte de aerossóis atmosféricos. Além disso, esses compostos são responsáveis pela ocorrência de chuvas ácidas.

- *Clorofluorcarbonetos* (CFCs): eram produzidos para utilização em propelentes de aerossóis, refrigeradores (freon) e aparelhos de ar condicionado, entre outros. Atualmente sua fabricação é proibida em quase todos os países em razão do Protocolo de Montreal. As moléculas de CFC dirigem-se lentamente para a estratosfera e, então, movem-se em direção aos polos, onde são decompostas, por processos fotoquímicos, em cloretos que destroem o O_3. Mantêm-se na atmosfera entre 65 e 130 anos.
- *Halocarbonos hidrogenados* (HFC e HCFC): também têm origem exclusivamente antrópica. Esses compostos têm aumentado suas concentrações nas últimas décadas, já que foram apresentados como substitutos dos CFCs. O tricloroetano ($C_2H_3Cl_3$), por exemplo, usado como agente limpador e desengordurante, possui vida útil de sete anos e só foi detectado na atmosfera a partir da década de 1980.

5.1.2 Aerossóis

O aerossol é definido como partículas sólidas e/ou líquidas em suspensão em um meio gasoso. Na atmosfera, o meio gasoso é o próprio ar. A descrição completa das partículas de aerossol atmosférico requer especificação não só de sua concentração, mas também de seu tamanho, composição química, fase (líquida ou sólida) e morfologia (forma das partículas). Tais características dependem basicamente de suas fontes de emissão e seus processos de evolução ou "envelhecimento" na atmosfera. O intervalo de tamanho varia de aglomerados de moléculas a partículas com raio de algumas dezenas de micrômetros (~5×10^{-3} µm a 20 µm).

As principais fontes naturais são a suspensão de poeira do solo, erupções vulcânicas, *spray* marinho, queimadas, grãos de pólen e reações entre emissões gasosas, processo este denominado conversão gás-partícula. Entre as fontes antrópicas destacam-se a queima de combustíveis fósseis, processos industriais, poeira de ruas pavimentadas ou não, emissões dos meios de transporte e queima de biomassa.

O tempo de residência do aerossol na atmosfera varia de alguns dias a algumas semanas. Durante esse tempo, as partículas sofrem "envelhecimento", que envolve processos de coagulação, condensação, evaporação e processamento dentro de nuvens. Sua remoção da atmosfera é feita por deposição seca (sedimentação e difusão) ou úmida (chuva). Devido ao seu curto tempo de residência na atmosfera, sua concentração e tipo (composição química, distribuição de tamanho, forma) são altamente dependentes da fonte emissora.

Os aerossóis são importantes nos processos de espalhamento e absorção de radiação solar e na formação de nuvens por atuarem como núcleos de condensação. Houve uma intensificação no estudo de seus processos e efeitos nos últimos anos por supostamente atuarem contra os gases do efeito estufa, causando resfriamento do sistema Terra-atmosfera. Mais detalhes sobre a composição química dos aerossóis, sua física e seus processos de formação, evolução e remoção podem ser obtidos em Seinfeld e Pandis (1998).

5.2 Absorção molecular

Nesta seção são discutidos os princípios básicos sobre a absorção de radiação pelos gases atmosféricos, de forma a compreender o motivo pelo qual o nitrogênio, embora sendo o mais abundante composto gasoso na atmosfera, não atua nos processos de absorção e emissão de radiação.

5.2.1 Espectro de absorção (emissão) atômico

Com base no modelo clássico de um átomo, constituído por um núcleo e algumas camadas externas onde orbitam os elétrons, a emissão de radiação ocorre somente quando um elétron do átomo sofre transição de um estado com uma determinada energia U_k para outro com energia menor U_j. No caso da absorção de radiação, a transição é feita de um menor para um maior estado de energia (Fig. 5.2). Assim, no caso da emissão, tem-se:

$$U_k - U_j = h n \tag{5.1}$$

É importante lembrar que os estados são quantizados, de forma que o elétron sofre transição entre as camadas se houver absorção ou emissão de radiação eletromagnética de determinada frequência. Para o átomo de hidrogênio, a energia de um nível n é determinada como:

$$U_n = -\frac{R h c}{n^2} \tag{5.2}$$

em que *n* é um número inteiro, e *R*, a constante de Rydberg (= 1,092 × 10^5 cm^{-1} para o hidrogênio). Portanto, só ocorre absorção de radiação por um átomo de hidrogênio se a radiação incidente apresentar número de onda igual a:

$$\tilde{v} = R\left(\frac{1}{k^2} - \frac{1}{j^2}\right) \quad (5.3)$$

em que *j* e *k* são números inteiros definindo os níveis de energia mais baixo e mais alto, respectivamente. Da mesma forma, o átomo de hidrogênio também só emite radiação cujo número de onda é calculado com a Eq. 5.3.

Fig. 5.2 *Esquema do processo de absorção e emissão de radiação eletromagnética por um átomo*

5.2.2 Espectro de emissão/absorção molecular

O espectro de absorção molecular é mais complexo do que o de um átomo porque as moléculas possuem várias formas de energia interna. Dessa

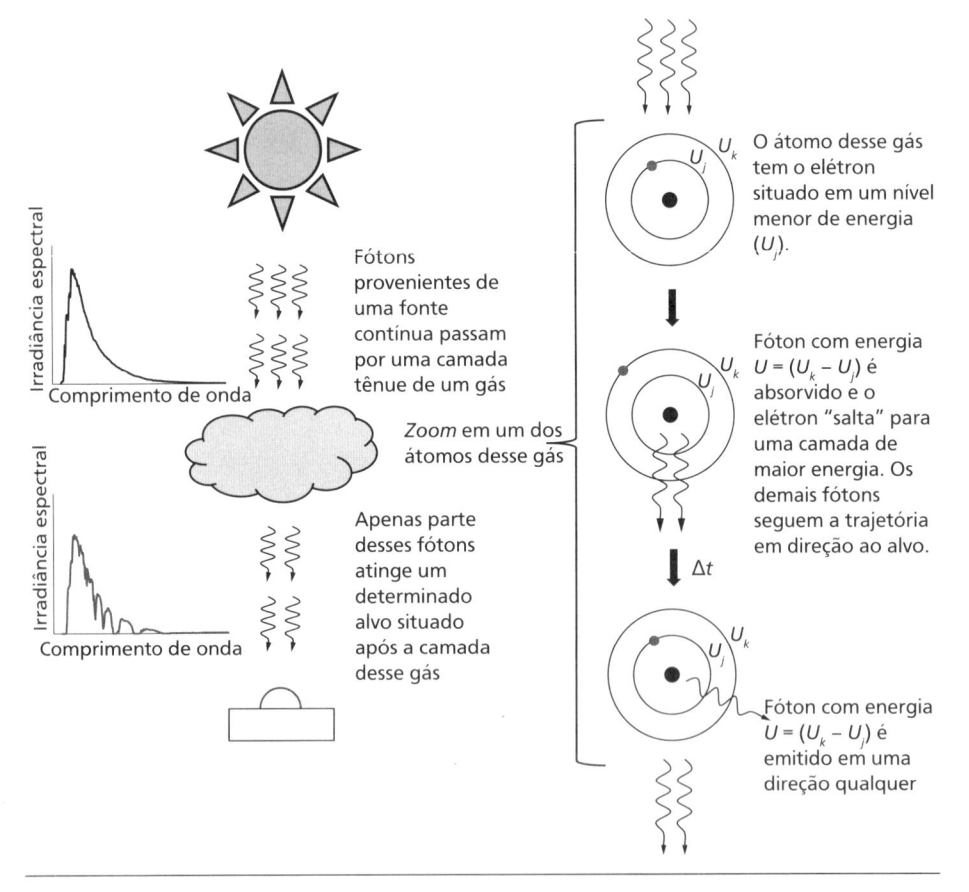

maneira, três tipos de espectros de absorção/emissão são possíveis: a) linhas bem definidas de largura finita; b) agregados (séries) de linhas denominados bandas espectrais; e c) espectro contínuo que se estende por um intervalo largo de comprimento de onda.

A estrutura da molécula, isto é, como os átomos estão "geometricamente" arranjados, é importante para compreender os vários tipos de energia interna. As moléculas podem ser lineares, ou seja, os átomos podem estar arranjados em uma linha, tais como o CO_2 e o N_2O. Há moléculas com simetria "esférica", como o CH_4. E, finalmente, há moléculas assimétricas, como o H_2O e o O_3. A Fig. 5.3 ilustra exemplos de cada tipo de molécula.

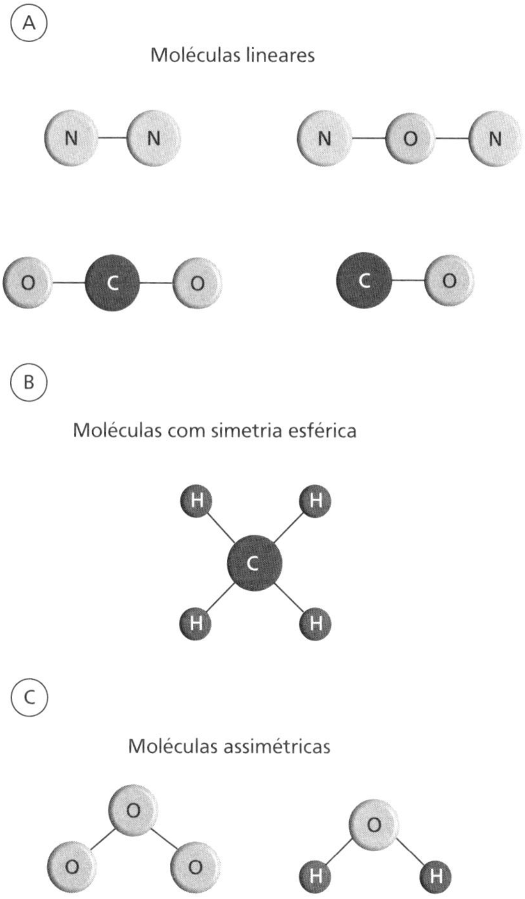

Fig. 5.3 *Esquema do arranjo geométrico dos átomos em moléculas: (A) lineares, (B) com simetria esférica e (C) assimétricas*

Em geral, a energia total U de uma molécula pode ser resultante da soma dos seguintes tipos de energia:

$$U = U_{rot} + U_{vib} + U_{el} + U_{tr} \tag{5.4}$$

- U_{rot} é a energia cinética de rotação. A radiação com energia da mesma ordem de grandeza desse tipo de energia interna encontra-se na região espectral do infravermelho longínquo e das micro-ondas ($\tilde{\nu} \approx 0{,}1$ cm^{-1} a 10 cm^{-1} ou $\lambda \approx 10^3$ μm a 10^5 μm). Isso significa que, ao absorver radiação cujo comprimento de onda se encontra nessa faixa espectral, a molécula adquire energia interna suficiente para sofrer rotação sobre um eixo que passa pelo seu centro de gravidade.
- U_{vib} é a energia cinética de vibração. Os átomos das moléculas são ligados por certas forças que lhes permitem oscilar ou vibrar sobre suas posições de equilíbrio ao sofrer perturbação. Por exemplo, ao absorver radiação com número de onda na região espectral do infravermelho ($\tilde{\nu} \approx 500$ cm^{-1} a 10^4 cm^{-1} ou $\lambda \approx 1$ μm a 20 μm).
- U_{el} é a energia eletrônica, isto é, a energia potencial envolvida nas transições eletrônicas (conforme discutido na seção 5.2.1 para um átomo). A radiação necessária para esse tipo de processo em uma molécula gasosa típica da atmosfera terrestre abrange a região espectral do ultravioleta e do visível ($\tilde{\nu} \approx 10^4$ a 10^5 cm^{-1} ou $\lambda < 1{,}0$ μm).
- U_{tr} é a energia cinética de translação. Para temperaturas típicas da atmosfera, da ordem de 300 K, a troca de energia cinética entre as moléculas durante as colisões envolve valores de energia equivalentes à radiação eletromagnética na região espectral do infravermelho térmico ($\tilde{\nu} \approx 100$ cm^{-1} ou $\lambda \approx 100$ μm), ou seja, da mesma ordem de grandeza da energia necessária para a rotação de uma molécula.

Portanto, vale a relação $U_{rot} < U_{tr} < U_{vib} < U_{el}$, o que significa que a energia cinética de translação pode influenciar significativamente os níveis de rotação, moderadamente os níveis de vibração e de forma pouco significativa os níveis eletrônicos. Os processos de rotação, vibração e transições eletrônicas das moléculas são eventos quantizados, de forma que U_{rot}, U_{vib} e U_{el} são energias quantizadas, possuindo valores discretos governados por regras de seleção.

Somente as moléculas que possuem momento de dipolo elétrico ou magnético permanente exibem transições radiativas de energia puramente rotacional. Lembrando que um dipolo é representado por centros de cargas positivas e negativas Q separados por uma distância d e, o momento de dipolo associado a esses centros de cargas é igual ao produto entre Q e d. Se as cargas estão distribuídas simetricamente, não há momento de dipolo permanente e, por isso, não há atividade radiativa no infravermelho longínquo (isto é, não há transições em energia rotacional). Em outras palavras, moléculas cujos átomos são distribuídos simetricamente são transparentes para radiação infravermelha longínqua. O CO_2, por exemplo, não possui momento de dipolo permanente e, portanto, não tem transição rotacional pura, razão pela qual não apresenta linhas de absorção no infravermelho longínquo e nas micro-ondas. Entretanto, como pode adquirir momento de dipolo oscilante em seus modos vibracionais, ele apresenta bandas de vibração-rotação. Por outro lado, moléculas como CO, H_2O e O_3 exibem espectros puramente rotacionais.

As transições radiativas de energia vibracional requerem uma mudança no momento de dipolo (por exemplo, momentos oscilantes). Dessa forma, moléculas que não possuem momento de dipolo permanente podem ser induzidas radiativamente a apresentar momento de dipolo. A Fig. 5.4 ilustra um exemplo de como a molécula de CO_2 pode adquirir momento de dipolo. Como $U_{vib} > U_{rot}$, as linhas espectrais relacionadas à vibração das moléculas apresentam outras linhas próximas devido à rotação, ou seja, há bandas de vibração-rotação. Pela simetria da molécula de N_2, ela não possui linhas de absorção por vibração e/ou rotação, embora seja o gás mais abundante da atmosfera. Por outro lado, a molécula de O_2 apresenta linhas de absorção por rotação na região das micro-ondas, porque possui momento de dipolo magnético permanente.

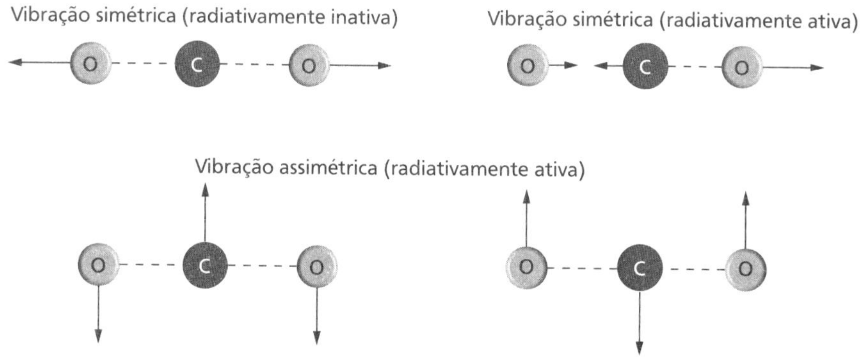

Fig. 5.4 *Modos vibracionais da molécula de CO_2. Os modos de vibração assimétricos permitem que a molécula adquira momento de dipolo. Dessa forma, as linhas de absorção associadas a tais modos apresentam outras linhas, associadas à energia cinética de rotação, gerando bandas de vibração-rotação*

Como foi visto anteriormente, nas transições eletrônicas os elétrons deslocam-se para níveis mais altos de energia por absorção de radiação e, ao retornar a níveis menos energéticos, há emissão da energia excedente na forma de radiação. No processo de fotoionização, os elétrons são arrancados das moléculas, e na fotodissociação ocorre a quebra das moléculas ao absorver radiação. Tanto a fotoionização quanto a fotodissociação produzem espectros de absorção contínuos. Isso significa que, nesses processos, os átomos ou moléculas podem absorver mais energia do que o mínimo necessário para a remoção do elétron ou a dissociação da molécula.

5.2.3 Formas das linhas espectrais

Uma linha de absorção é definida por três propriedades principais: a) posição central da linha (por exemplo, frequência central); b) intensidade da linha S; e c) fator de forma ou perfil *f* da linha.

Toda linha tem uma largura natural associada. Esse alargamento natural de uma linha decorre do princípio de incerteza. Uma molécula excitada sofre decaimento espontâneo a um estado menos energético com a emissão de um fóton. Cada estado, com exceção do estado fundamental, apresenta uma meia-vida finita e, de acordo com o princípio de incerteza, deve possuir um intervalo finito (estreito) de energias envolvidas (Goody; Yung, 1989). Em comparação aos outros efeitos, o alargamento natural é praticamente desprezível.

Na atmosfera, alguns processos podem resultar em um alargamento adicional de uma linha espectral. Um desses processos é a colisão entre as moléculas (ou alargamento por pressão), no qual há transferência de energia cinética de translação (energia não quantizada) entre as moléculas absorvedoras e entre moléculas absorvedoras e não absorvedoras de radiação. O alargamento por pressão é fundamental na transferência radiativa na baixa atmosfera, onde a pressão é alta e, portanto, a densidade de moléculas é maior, resultando em alta probabilidade de colisão entre elas. Outro processo é o alargamento Doppler, que ocorre devido a diferenças nas velocidades térmicas das moléculas (movimentos aleatórios). A combinação de ambos os processos também pode ocorrer.

Esses alargamentos são descritos matematicamente pelos tipos de perfil adiante.

a) Perfil de Lorentz, usado para caracterizar o alargamento por pressão:

$$f_L(\tilde{\nu}-\tilde{\nu}_0)=\frac{\alpha/\pi}{(\tilde{\nu}-\tilde{\nu}_0)^2+\alpha^2} \tag{5.5}$$

em que f_L $(\tilde{\nu} - \tilde{\nu}_0)$ é o fator de forma de uma linha espectral, $\tilde{\nu}_0$, o número de onda da posição central da linha (previsto pela teoria quântica), e α, a largura a meia altura da linha, em cm^{-1}, frequentemente denominada largura da linha. A largura da linha de Lorentz é uma função da pressão P e da temperatura T da atmosfera e pode ser expressa como:

$$\alpha(P,T) = \alpha_0 \frac{P}{P_0} \sqrt{\frac{T_0}{T}} \quad \textbf{(5.6)}$$

em que α_0 é a largura a meia altura de referência para condições padrão de temperatura e pressão (CPTP): T_0 = 273,15 K, P_0 = 1.013,25 hPa. α_0 varia entre 0,01 cm^{-1} e 0,1 cm^{-1} para a maioria dos gases atmosféricos radiativamente ativos.

b) Perfil de Doppler, definido na ausência de efeitos de colisão como:

$$f_D(\tilde{\nu} - \tilde{\nu}_0) = \frac{1}{\alpha_D \sqrt{\pi}} \exp\left[-\left(\frac{\tilde{\nu} - \tilde{\nu}_0}{\alpha_D}\right)^2\right] \quad \textbf{(5.7)}$$

em que α_D é a largura a meia altura:

$$\alpha_D = \frac{\tilde{\nu}_0}{c} \sqrt{\frac{2kT}{m}} \quad \textbf{(5.8)}$$

em que c é a velocidade da luz, k, a constante de Boltzmann ($1{,}3806 \times 10^{-23}$ JK^{-1}), e m, a massa da molécula.

O efeito Doppler é resultado dos movimentos randômicos das moléculas. Se a molécula se move com velocidade térmica V e emite radiação com frequência ν_0, seria como se ela a emitisse com frequência:

$$\nu = \nu_0 \left(1 \pm \frac{V}{c}\right) \quad \textbf{(5.9)}$$

em que $V \ll c$.

O alargamento Doppler é importante para altitudes entre 20 km e 50 km. As formas dos dois perfis são comparadas na Fig. 5.5. A maior diferença está nas "asas" do perfil Doppler, que tende a zero mais rapidamente do que no perfil de Lorentz.

c) Perfil de Voigt é a combinação dos perfis de Lorentz e de Doppler para caracterizar o alargamento sob condições de baixa pressão, típicas de altitudes em torno de 40 km na atmosfera. Nessas altitudes, os processos de colisão e o efeito Doppler não podem ser tratados separadamente. Assim, tem-se:

$$
\begin{aligned}
f_{Voigt}(\tilde{\nu}-\tilde{\nu}_0) &= \int_{-\infty}^{\infty} f_L(\tilde{\nu}'-\tilde{\nu}_0) f_D(\tilde{\nu}-\tilde{\nu}')\, d\tilde{\nu}' = \\
&= \frac{\alpha}{\alpha_D \pi^{3/2}} \int_{-\infty}^{\infty} \frac{1}{(\tilde{\nu}'-\tilde{\nu}_0)^2+\alpha^2} \exp\left[-\left(\frac{\tilde{\nu}-\tilde{\nu}'}{\alpha_D}\right)^2\right] d\tilde{\nu}'
\end{aligned}
\quad (5.10)
$$

cuja solução só pode ser obtida numericamente.

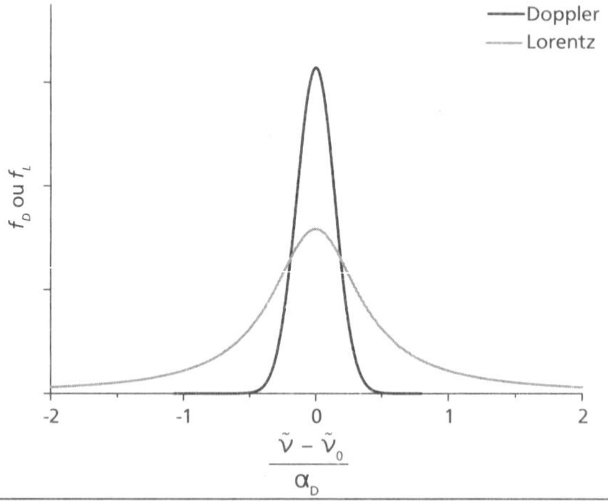

Fig. 5.5 *Formas dos perfis de Lorentz e Doppler para os mesmos valores de intensidade e larguras a meia altura*

5.2.4 Coeficiente mássico e profundidade óptica de absorção

A quantidade de radiação absorvida por um certo gás em uma determinada região espectral depende do coeficiente de absorção mássico desse gás (com unidade de área por massa), que é definido pela posição, intensidade e forma de uma linha espectral:

$$k_{\tilde{\nu}} = S f(\tilde{\nu}-\tilde{\nu}_0) \quad (5.11)$$

em que S é a intensidade da linha, e f, o seu perfil, dados por:

$$S = \int k_{\tilde{\nu}}\, d\tilde{\nu}$$

e

$$\int f(\tilde{\nu}-\tilde{\nu}_0)\, d\tilde{\nu} = 1$$

Com base no coeficiente de absorção mássico, podem ser determinados outros parâmetros importantes na descrição do processo de absorção de radiação por um determinado gás. São eles:

- Seção de choque, que representa a área de absorção efetiva de um elemento diferencial de massa do gás, $dm = \rho(z')\,dA\,dz'$:

$$\sigma_a(\tilde{\nu}, z') = k_{\tilde{\nu}}\rho(z')dAdz' \quad \textbf{(5.12)}$$

  em que $\rho(z')$ é a densidade do gás à altura z'.

- Coeficiente linear de absorção, que mede a distância característica na qual a radiação é atenuada (com dimensão de m^{-1} no SI):

$$\beta_a(\tilde{\nu}, z') = N(z')\,\sigma_a\,(\tilde{\nu}, z') \quad \textbf{(5.13)}$$

  em que $N(z')$ é a densidade numérica de moléculas do gás (número de moléculas do gás por unidade de volume de ar).

- Profundidade óptica monocromática de absorção do gás:

$$\tau_a(\tilde{\nu}, z) = \int_{\infty}^{z} \beta_a(\tilde{\nu})dz' \quad \textbf{(5.14)}$$

A profundidade óptica é definida a partir do topo da atmosfera, isto é, $z \to \infty$. Define-se topo da atmosfera a altura na qual a densidade de moléculas é desprezível, não havendo interação significativa entre os constituintes da atmosfera e a radiação, e, por esse motivo, a profundidade óptica é igual a zero no topo.

Exercício 5.1: Ao nível do mar e à temperatura igual a 0 °C, a largura a meia altura do perfil de Lorentz corresponde a 0,08 cm^{-1} para uma linha de absorção de um determinado gás. A 500 mb e à temperatura T = –30 °C, a linha espectral associada a essa absorção será mais larga ou mais estreita?

5.3 Espalhamento

Grande parte da radiação que se percebe com os olhos (luz) não vem diretamente de suas fontes, mas indiretamente, pelo processo de espalhamento. Na atmosfera, ele é causado por moléculas, partículas de aerossol e nuvens contendo gotas e cristais de gelo. O azul do céu, a coloração branca das nuvens, os arco-íris e halos são exemplos de fenômenos gerados por espalhamento de radiação eletromagnética, em particular da região espectral visível. Esse processo é geralmente acompanhado por absorção. Como citado por Van de Hulst (1981), a folha de uma árvore apresenta cor verde porque ela espalha luz verde de forma mais eficiente do que luz vermelha. A luz vermelha incidente sobre a folha é absorvida, o que significa que essa energia foi convertida para alguma outra forma. Na região espectral do visível, a absorção predomina em materiais como carvão e fumaça negra, sendo praticamente ausente em nuvens. Conforme discussão em capítulos anteriores, tanto o espalhamento quanto a absorção removem energia de um feixe de radiação que atravessa um meio, causando atenuação do feixe.

Por um lado, no processo de absorção, o fóton ou a radiação em determinado comprimento de onda é convertido em outra forma de energia, como no caso da luz vermelha no exemplo da folha. Por outro, o processo de espalhamento tratado neste livro é aquele no qual a radiação é espalhada ou desviada da orientação original de propagação para outra qualquer, sem que o seu comprimento de onda seja alterado. É importante lembrar, porém, que há efeitos de espalhamento, como o *Raman*, nos quais a radiação espalhada apresenta comprimento de onda diferente da incidente. No caso deste livro, a descrição do processo de espalhamento baseia-se fundamentalmente em determinar a probabilidade de a radiação incidente ser desviada para uma orientação qualquer. O padrão de espalhamento não ocorre de forma aleatória, uma vez que a distribuição da radiação emergente em diferentes orientações depende de algumas características das partículas que constituem o meio no qual a radiação se propaga. Uma dessas características é a razão entre o tamanho da partícula espalhadora e o comprimento de onda da radiação incidente. Por exemplo, uma partícula muito pequena espalha radiação nas direções frontal e traseira na mesma proporção (Fig. 5.6A). À medida que a partícula se torna maior, a radiação espalhada concentra-se cada vez mais nas direções frontais, apresentando padrões cada vez mais complexos (Fig. 5.6B-D).

Além da intensidade da radiação, é importante determinar o padrão angular de espalhamento. Esse padrão pode ser descrito por uma função matemática denominada função de fase, dependente dos ângulos de incidência e espalhamento e do comprimento de onda da radiação incidente. Isto é, $P(\lambda, \Omega_{in}, \Omega_{esp}) \equiv P(\lambda, \Theta)$, em que $\Omega_{in} = (\theta_{in}, \phi_{in})$ representa as coordenadas da orientação de incidência, $\Omega_{esp} = (\theta_{esp}, \phi_{esp})$ representa as coordenadas da orientação de espalhamento ou emergente após o espalhamento e, como já visto, Θ é o ângulo de espalhamento. A Fig. 5.7 ilustra como é definido o ângulo de espalhamento em um plano. As setas indicam as orientações de incidência e de espalhamento da radiação ao interagir com uma partícula, representada pela esfera branca.

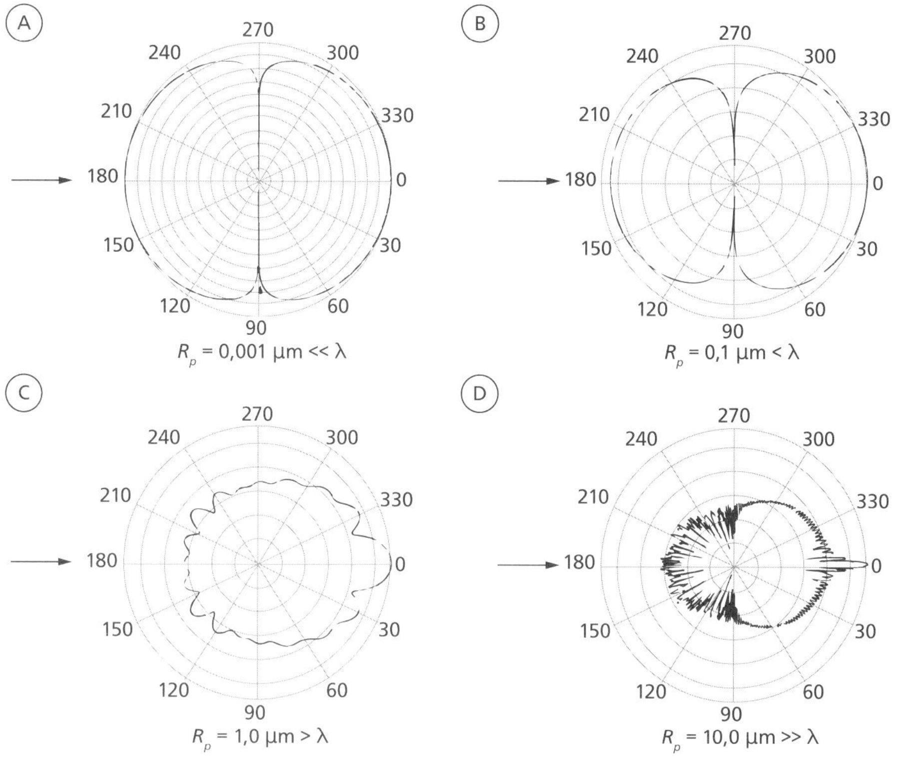

Fig. 5.6 *Distribuição angular da radiação espalhada. Simulações para radiação de comprimento de onda λ = 0,65 µm incidente (sentido da seta) em partículas esféricas de diferentes raios (R_p) localizadas no centro dos diagramas: (A) R_p = 0,001 µm << λ; (B) R_p = 0,1 µm < λ; (C) R_p = 1,0 µm > λ; (D) R_p = 10,0 µm >> λ*

Da geometria esférica, obtém-se:

$$\cos\Theta = \cos\theta_{in}\cos\theta_{esp} + sen\theta_{in}\, sen\theta_{esp}\cos(\phi_{in} - \phi_{esp}) \quad \textbf{(5.15)}$$

A função de fase é normalizada de tal forma que:

$$\frac{1}{4\pi}\int_{4\pi} P(\cos\Theta)\, d\Omega = 1 \quad \textbf{(5.16)}$$

Há basicamente dois modelos matemáticos que descrevem o espalhamento. Quando as partículas são muito menores que o comprimento de onda da radiação incidente, o espalhamento é chamado de espalhamento Rayleigh ou molecular, visto que na atmosfera é promovido basicamente pelas moléculas de N_2 e O_2, por serem as mais abundantes. Para partículas cujo tamanho é comparável ou maior que o comprimento de onda da radiação incidente, o espalhamento é denominado espalhamento Mie. A descrição física do espalhamento baseia-se na propagação de uma onda eletromagnética em um meio dielétrico. O campo elétrico cria dentro de cada átomo uma separação de cargas que oscilam à mesma frequência que a onda incidente, isto é, gera um momento de dipolo induzido. A teoria eletromagnética prevê que cargas oscilantes irradiam uma onda eletromagnética com frequência igual à de oscilação das cargas. Em geral, essa onda irradiada, dita espalhada, não apresenta uma diferença de fase definida com relação à onda incidente. Dessa forma, a onda espalhada é coerente com a incidente. No caso mais simples, ela se propaga como uma onda esférica com o padrão de radiação típico de um dipolo (Thomas; Stamnes, 1999). Quando a partícula é muito maior que o comprimento de onda da radiação incidente, pode-se empregar a aproximação da óptica geométrica, utilizada, por exemplo, na descrição de como se forma um arco-íris.

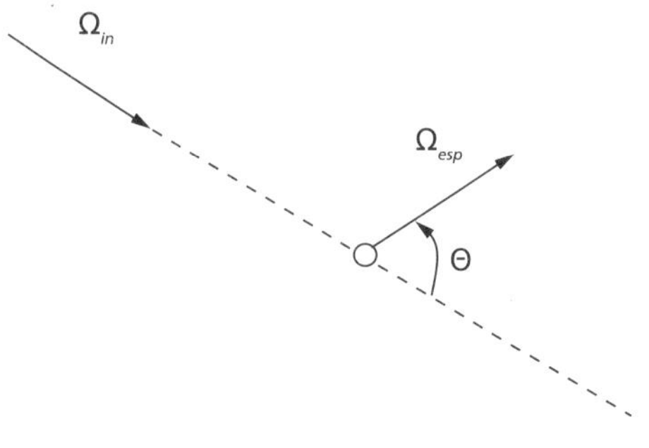

Fig. 5.7 *Definição do ângulo de espalhamento Θ em um plano*

5.3.1 Espalhamento Rayleigh

A formulação mais simples de espalhamento descreve a interação da radiação solar com as moléculas e foi desenvolvida em 1871 por Lord Rayleigh, nascido John William Strutt (1842-1919), físico e matemático inglês ganhador do Prêmio Nobel de Física em 1904. O espalhamento Rayleigh aplica-se ao estudo do espalhamento de partículas muito menores que o comprimento de onda da radiação incidente (em geral, partículas com raio menor que 0,1λ), considerando-a exposta à radiação eletromagnética como um dipolo oscilante.

O desenvolvimento apresentado nesta seção, que leva em conta conceitos do eletromagnetismo, tem como base a descrição teórica exposta por Liou (2002). Inicialmente, considere-se uma partícula esférica de raio muito menor que o comprimento de onda da radiação incidente ($R_p << \lambda$). Essa partícula gera um campo elétrico E_p em torno dela, enquanto a radiação incidente produz um campo elétrico homogêneo denominado campo aplicado (E_0) (cm^{-2}), aqui representado por unidade infinitesimal de área. Assim, devido à incidência de radiação, o campo elétrico da partícula é modificado dentro e próximo a ela, de modo que o campo elétrico combinado (E') é dado por:

$$E' = E_0 + E_p \quad \textbf{(5.17)}$$

Além disso, todas as moléculas, mesmo aquelas sem separação de cargas, têm, por meio da interação com o campo eletromagnético, um momento de dipolo elétrico induzido por unidade infinitesimal de área (p_0) (cm^{-2}), sendo esse momento a medida da polaridade de um sistema de cargas elétricas.

O campo e o momento de dipolo são associados pela seguinte relação eletrostática:

$$p_0 = \alpha E_0 \quad \textbf{(5.18)}$$

em que α é denominado polarizabilidade, que é a capacidade que uma partícula (átomo ou molécula) tem de mudar sua distribuição eletrônica como resposta a um campo elétrico. O valor de α varia em função do índice de refração e do número de partículas.

O campo aplicado gera a oscilação do dipolo numa determinada direção, e o dipolo oscilante produz uma onda eletromagnética plano-polarizada, que é justamente a onda espalhada.

Agora, é necessário avaliar a radiação espalhada, isto é, o campo elétrico espalhado, em função de um observador situado em um ponto X, localizado a uma distância r do dipolo e a um ângulo γ entre o momento de dipolo espalhado (p) e a direção de observação, conforme mostra a Fig. 5.8.

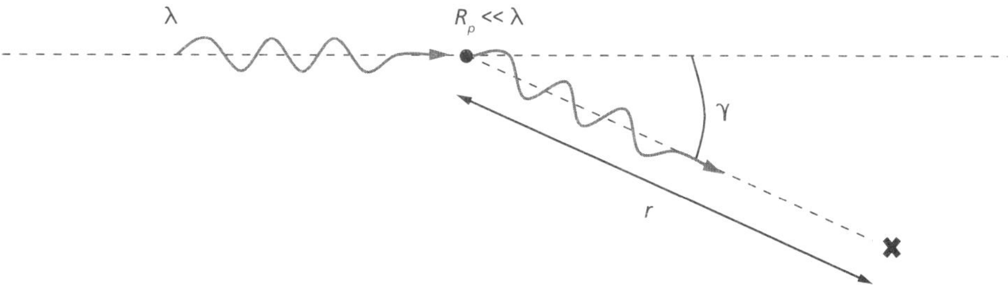

Fig. 5.8 *Radiação de comprimento de onda λ incidindo em uma partícula de raio* $R_p << \lambda$ *e sendo espalhada na direção γ, atingindo um observador* X *a uma distância* r

Liou (2002) recorda a solução clássica de Hertz (1896) para o eletromagnetismo, mostrando que o campo elétrico espalhado (E) é proporcional à aceleração do momento de dipolo espalhado e ao seno do ângulo γ, mas inversamente proporcional à distância do observador e ao quadrado da velocidade da luz (c). Ou seja, para $r >> R_p$, tem-se:

$$E = \frac{1}{c^2}\frac{1}{r}\frac{\partial^2 p}{\partial t^2}\mathrm{sen}\,\gamma \tag{5.19}$$

Em um campo periódico oscilante, o momento de dipolo espalhado (p) pode ser escrito em função do momento de dipolo induzido (p_0), levando em consideração o número de onda $\tilde{\nu}$.

$$p = p_0 e^{-i\tilde{\nu}(r-ct)} \tag{5.20}$$

Ao usar as Eqs. 5.18 e 5.19 na Eq. 5.20, tem-se:

$$E = \frac{1}{c^2}\frac{1}{r}\frac{\partial^2 p}{\partial t^2}\mathrm{sen}\,\gamma \rightarrow E = -E_0\frac{e^{-i\tilde{\nu}(r-ct)}}{r}\tilde{\nu}^2\alpha\,\mathrm{sen}\,\gamma \tag{5.21}$$

Com base nesses conceitos básicos, é possível fazer uma análise análoga para a radiação solar sendo espalhada por moléculas na atmosfera. Nesse caso, considera-se que as moléculas em questão são homogêneas, isotrópicas e esféricas.

Primeiramente, o vetor campo elétrico é decomposto em seus componentes ortogonais, perpendicular (E_r) e paralelo (E_l). Essa decomposição faz-se necessária porque a radiação do Sol não é polarizada. Por esse motivo, é preciso considerar o espalhamento dos dois componentes do campo elétrico: E_{0r} e E_{0l}. Além disso, define-se como plano de referência aquele que contém as ondas incidente e espalhada, isto é, o próprio plano de espalhamento. Portanto, a Eq. 5.21 pode ser reescrita como:

$$E_r = -E_{0r}\frac{e^{-i\tilde{\nu}(r-ct)}}{r}\tilde{\nu}^2\,\alpha\,\mathrm{sen}\,\gamma_1 \tag{5.22A}$$

$$E_l = -E_{0l}\frac{e^{-i\tilde{\nu}(r-ct)}}{r}\tilde{\nu}^2\,\alpha\,\mathrm{sen}\,\gamma_2 \tag{5.22B}$$

A Fig. 5.9 esquematiza a decomposição do campo elétrico.

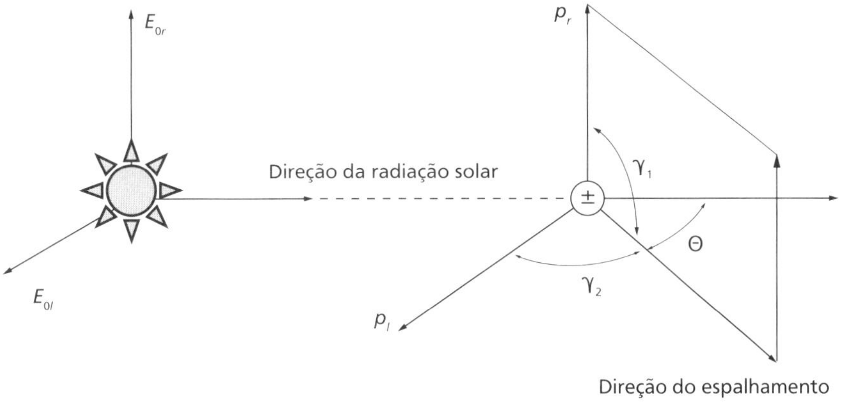

Fig. 5.9 *Decomposição do vetor campo elétrico gerado pela radiação solar incidente numa partícula cujo raio é muito menor que o comprimento de onda da radiação*
Fonte: adaptado de Liou (2002).

Da Fig. 5.9, pode-se observar que o ângulo γ_1 é sempre igual a $\pi/2$, pois p_0 espalhado na direção r é normal ao plano de espalhamento definido. Por outro lado, $\gamma_2 = \pi/2 - \Theta$, sendo Θ o ângulo de espalhamento.

No entanto, o interesse aqui não é a análise do campo elétrico, mas sim a determinação da radiância espalhada (L). Para tanto, será considerado que $L_0 = C|E_0|^2$ e $L = C|E|^2$, sendo C uma constante de proporcionalidade, tal que C/r^2 refere-se ao ângulo sólido. Então:

$$E_r = -E_{0r}\frac{e^{-i\tilde{\nu}(r-ct)}}{r}\tilde{\nu}^2\alpha\,\text{sen}\,\gamma_1 \rightarrow L_r = L_{0r}\tilde{\nu}^4\frac{\alpha^2}{r^2} \quad \textbf{(5.23A)}$$

$$E_l = -E_{0l}\frac{e^{-i\tilde{\nu}(r-ct)}}{r}\tilde{\nu}^2\alpha\,\text{sen}\,\gamma_2 \rightarrow L_l = L_{0l}\tilde{\nu}^4\frac{\alpha^2\cos^2\Theta}{r^2} \quad \textbf{(5.23B)}$$

Portanto, ao incidir radiação solar sobre uma molécula com tamanho muito menor que o comprimento de onda da radiação, a radiância total espalhada na direção Θ é dada por:

$$L = L_r + L_l = (L_{0r} + L_{0l}\cos^2\Theta)\frac{\tilde{\nu}^4\alpha^2}{r^2} \quad \textbf{(5.24)}$$

Porém, como a radiação solar é não polarizada, tem-se que $L_{0r} = L_{0l} = L_0/2$, e, como $\tilde{\nu} = \frac{2\pi}{\lambda}$, a radiância proveniente do espalhamento de radiação solar causado por moléculas pode ser descrita por:

$$L = \frac{L_0}{r^2}\alpha^2\left(\frac{2\pi}{\lambda}\right)^4\frac{1+\cos^2\Theta}{2} \quad \textbf{(5.25)}$$

É essencial notar que a radiância espalhada por uma partícula cujo raio é muito menor do que o comprimento de onda da radiação incidente é inversamente proporcional à quarta potência desse comprimento de onda. Trata-se de uma característica importante do espalhamento provocado por moléculas e fundamental para explicar uma série de fenômenos ópticos, como a coloração azul do céu, como será visto mais à frente.

Para descrever matematicamente o padrão angular de espalhamento, a Eq. 5.16 será reescrita como:

$$\frac{1}{4\pi}\int_{4\pi} P(\cos\Theta)\, d\Omega = \int_0^{2\pi}\int_0^{\pi} \frac{P(\cos\Theta)}{4\pi}\, sen\Theta\, d\Theta\, d\phi = 1 \qquad \textbf{(5.26)}$$

Integrando-se a Eq. 5.26 para a radiação solar não polarizada, obtém-se a função de fase para o espalhamento molecular, dada por:

$$P_R(\cos\Theta) = \frac{3}{4}(1+\cos^2\Theta) \qquad \textbf{(5.27)}$$

E, portanto, pode-se reescrever a Eq. 5.25 como:

$$L = \frac{L_0}{2}\alpha^2\left(\frac{2\pi}{\lambda}\right)^4 \frac{1+\cos^2\Theta}{2} \rightarrow L = \frac{L_0}{2}\alpha^2 \frac{128\pi^5}{3\lambda^4}\frac{P(\Theta)}{4\pi} \qquad \textbf{(5.28)}$$

indicando que a radiância espalhada também é diretamente proporcional à função de fase.

Em resumo, viu-se que, para a radiação incidente polarizada verticalmente, a intensidade do espalhamento é independente da direção do plano de espalhamento (Eq. 5.23A). Ou seja, o espalhamento nessa direção é isotrópico. Por outro lado, para a radiação incidente polarizada horizontalmente, a intensidade do espalhamento é função de $\cos^2\Theta$ (Eq. 5.23B). Por fim, a determinação da intensidade do espalhamento para a radiação do Sol não polarizada é dada pela soma desses dois componentes, obtendo-se uma função diretamente proporcional a $(1 + \cos^2\Theta)$, dada pela Eq. 5.25.

No caso do espalhamento, também se podem inferir os demais parâmetros análogos ao processo de absorção, como a seção de choque de espalhamento para uma partícula individual à posição $s = s'$ do caminho óptico (Fig. 5.10):

$$\sigma_R(\lambda, s') = \frac{24\pi^3}{\lambda^4 N_0^2}\frac{\left[n^2(\lambda,s')-1\right]^2}{\left[n^2(\lambda,s')+2\right]^2} \qquad \textbf{(5.29)}$$

em que N_0 é a concentração numérica de moléculas (com unidade de m^{-3} no SI, isto é, número de partículas por volume de ar) para CPTP, e $n(\lambda, s')$, o índice de refração do ar sob as mesmas condições de s'.

O coeficiente linear de espalhamento é dado por:

$$\beta_R(\lambda, s') = \sigma_R(\lambda, s')N(s') \tag{5.30}$$

em que $N(s')$ é a concentração numérica de partículas à posição s' do caminho óptico.

E, finalmente, a profundidade óptica associada ao espalhamento Rayleigh é dada por:

$$\tau_R(\lambda, z') = \int_{\infty}^{z'} \beta_R(\lambda, z'')dz'' \Rightarrow \tau_R(\lambda) \propto \frac{1}{\lambda^4} \tag{5.31}$$

A profundidade óptica é definida com relação à vertical, isto é, com relação à altura z. Em um caminho óptico s' qualquer, $z' = s'\cos\theta$, em que θ é o ângulo zenital da orientação de propagação do feixe de radiação incidente (Fig. 5.10). Uma grandeza equivalente, definida em função do próprio caminho óptico, é denominada espessura óptica, mas não será utilizada neste livro, para evitar confusão. A definição com relação à vertical torna-se mais conveniente devido à aproximação de atmosfera plano-paralela, como será visto no Cap. 6.

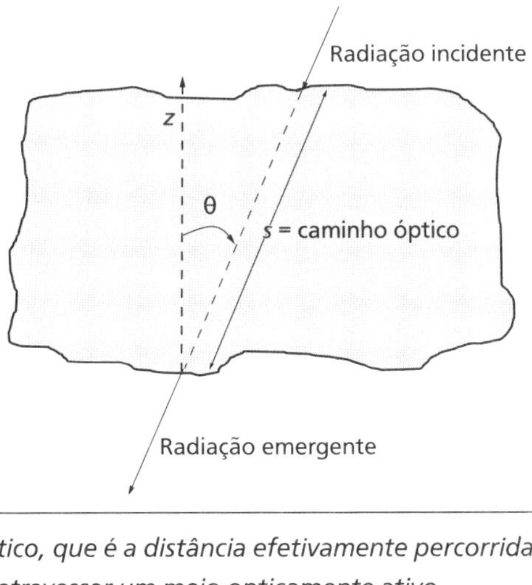

Fig. 5.10 *Caminho óptico, que é a distância efetivamente percorrida por um feixe de radiação ao atravessar um meio opticamente ativo*

Da Eq. 5.29 à Eq. 5.31, observa-se que o espalhamento Rayleigh apresenta forte dependência espectral, de forma que, quanto menor o comprimento de onda da radiação eletromagnética incidente, maior a quantidade de energia removida do feixe devido ao espalhamento molecular.

Segundo Fröhlich e Shaw (1980), a profundidade óptica atmosférica a 1.013 hPa associada ao espalhamento Rayleigh pode ser calculada de maneira aproximada para cada comprimento de onda por meio de:

$$\tau_R(\lambda) = 1{,}031 \times 0{,}00838\,\lambda^{-\left(3{,}916 + 0{,}074\lambda + \frac{0{,}050}{\lambda}\right)} \quad \textbf{(5.32)}$$

A coloração azul do céu é consequência dessa forte dependência espectral. Como pode ser visto na Eq. 4.3, o componente direto da radiação solar sofre maior atenuação quanto maior a profundidade óptica da atmosfera. Também se sabe que, em um processo de espalhamento, a radiação é apenas desviada da orientação original, isto é, há produção de radiação difusa. Assim, considerando que a luz azul ($\lambda \sim 0{,}425\ \mu m$) tem comprimento de onda menor que a luz vermelha ($\lambda \sim 0{,}650\ \mu m$), pela Eq. 5.32 é possível estimar que a luz azul é cerca de 5,5 vezes mais espalhada que a vermelha. Seguindo esse mesmo raciocínio, pode-se concluir que a luz azul, que está próxima do limite inferior do espectro visível de radiação eletromagnética, sofre mais espalhamento que a verde, a amarela e a vermelha. Ou seja, mais radiação azul é removida do feixe solar direto, aumentando o componente difuso no céu. Por esse motivo, quando observado longe do disco solar, o céu apresenta cor azul. Embora a radiação violeta ($\lambda \sim 0{,}405\ \mu m$) tenha comprimento de onda menor que a luz azul, o céu não é violeta porque há muito menos radiação solar disponível nessa faixa espectral. Além disso, o olho humano possui uma resposta muito menor a esse tipo de radiação. Como a densidade do ar diminui com a altitude, o espalhamento de radiação também diminui, e, nas direções opostas ao Sol, o céu torna-se gradualmente mais escuro até ficar completamente negro no espaço.

Ao dirigir o olhar para o Sol, vê-se que ele possui aparência mais brilhante e esbranquiçada quanto mais elevado estiver no céu. Quanto mais próximo estiver do horizonte (nascer ou ocaso), mais espessa a camada da atmosfera a ser atravessada pela radiação solar e, portanto, maior a remoção de radiação do feixe solar direto, principalmente nos comprimentos de onda mais suscetíveis ao espalhamento. Nessas condições, o feixe de radiação que atinge a superfície é composto majoritariamente de radiação em comprimentos de onda maiores, resultando na coloração avermelhada do Sol.

Conforme o tamanho das partículas aumenta, menor é a dependência espectral de suas propriedades ópticas. É por esse motivo que a presença de partículas de aerossol pouco absorvedoras de radiação visível torna o céu esbranquiçado e as nuvens apresentam cor branca, como será visto na próxima seção.

Exercício 5.2: Provar que a função de fase do espalhamento Rayleigh é normalizada para 1 quando integrada em todas as orientações.

Exercício 5.3: Provar que o espalhamento Rayleigh é simétrico com relação à direção incidente, isto é, 50% do feixe é espalhado para o hemisfério/região frontal e 50% é espalhado para trás (para o hemisfério oposto ao sentido de incidência). Dica: integrar a função de fase em um hemisfério e mostrar que a integral não depende da orientação de incidência e que o resultado da integral é sempre igual a 1/2.

5.3.2 Espalhamento Mie

O espalhamento causado por uma partícula esférica de tamanho arbitrário foi descrito analiticamente pelo físico alemão Gustav Mie (1868-1957) em 1908. Ele se baseou nas equações de Maxwell (James Clerk Maxwell, 1831-1879, foi um físico e matemático inglês conhecido pelas suas importantes contribuições à teoria do eletromagnetismo), tendo deduzido como ondas eletromagnéticas de comprimento λ são perturbadas ao interagir com esferas homogêneas de raio r (Mie, 1908). Tal teoria é utilizada para descrever a interação das partículas de aerossol e gotas de nuvens com a radiação eletromagnética, em particular, no espectro solar.

A radiação que atinge e atravessa a partícula gera fenômenos distintos, genericamente denominados espalhamento:

- *Reflexão e refração*: as ondas eletromagnéticas que atingem a superfície da partícula podem ser parcialmente refletidas e parcialmente refratadas. A distribuição angular da luz espalhada depende fortemente da forma (esférica, cúbica), da composição química e das condições da superfície da partícula (homogênea ou rugosa). Na reflexão, a onda retorna ao meio com o mesmo ângulo da onda incidente com relação à normal à superfície da partícula. A refração é causada pela diferença entre os índices de refração do ar e da partícula.
- *Difração*: desvio da trajetória retilínea da radiação eletromagnética ao interagir com um obstáculo (fenda ou partícula). A radiação emergente, que possui o mesmo comprimento de onda da radiação incidente, pode interferir nesta construtivamente ou não, gerando

as franjas de difração, cujos máximos são devidos à interferência construtiva e os mínimos, à interferência destrutiva. A distribuição angular da radiação espalhada depende apenas da forma e do tamanho da partícula, mas é independente de sua composição química ou índice de refração. A difração é responsável pelo espalhamento frontal (ângulos de espalhamento próximos de zero) e, portanto, pela "deformação" ou anisotropia do padrão angular de espalhamento, que aumenta à medida que o tamanho da partícula aumenta.

Resumindo, os parâmetros da partícula necessários para descrever sua interação com a radiação eletromagnética são:

a) índice de refração complexo, dado por $n(\lambda,s') = n_r(\lambda,s') - in_i(\lambda,s')$. Se $n_i \neq 0$ (parte imaginária não nula), significa que a partícula também absorve radiação;
b) forma, considerada esférica na teoria Mie;
c) tamanho, dado pelo parâmetro de tamanho $x = 2\pi r/\lambda$, razão entre o perímetro da partícula de raio r e o comprimento de onda λ da radiação incidente.

Então, para partículas de mesmo tamanho e índice de refração:

$$\beta(\lambda,s') = \sigma(\lambda,s')N(s') = \left[\sigma_e(\lambda,s') + \sigma_a(\lambda,s')\right]N(s') \tag{5.33}$$

em que $\beta(\lambda, s')$ é o coeficiente linear de extinção (m^{-1}) à posição s' do caminho óptico, $\sigma(\lambda, s')$, a seção de choque eficaz de extinção (m^2), $N(s')$, a concentração numérica de partículas (m^{-3}), $\sigma_e(\lambda, s')$, a seção eficaz de espalhamento (m^2), e $\sigma_a(\lambda, s')$, a seção de choque eficaz de absorção (m^2):

$$\sigma_e(\lambda,s') = \pi r^2 Q_e\left(\frac{2\pi r}{\lambda},\ n(\lambda, s')\right) \tag{5.34A}$$

$$\sigma_a(\lambda,s') = \pi r^2 Q_a\left(\frac{2\pi r}{\lambda},\ n(\lambda, s')\right) \tag{5.34B}$$

em que Q_e e Q_a são fatores de eficiência de espalhamento e de absorção, respectivamente. A Fig. 5.11 mostra como o fator de eficiência varia com o parâmetro de tamanho e com o índice de refração da partícula. Notar que o fator de eficiência varia significativamente com o parâmetro de tamanho para baixos valores de x, o que significa que, para partículas muito pequenas ($r \leq \lambda$), a dependência espectral é alta. Ao aumentar o parâmetro de tamanho, o fator de eficiência de extinção tende a 2, ilustrando a baixa dependência (ou seletividade) espectral para partículas muito grandes com relação ao comprimento de onda da radiação incidente, conforme discutido anteriormente.

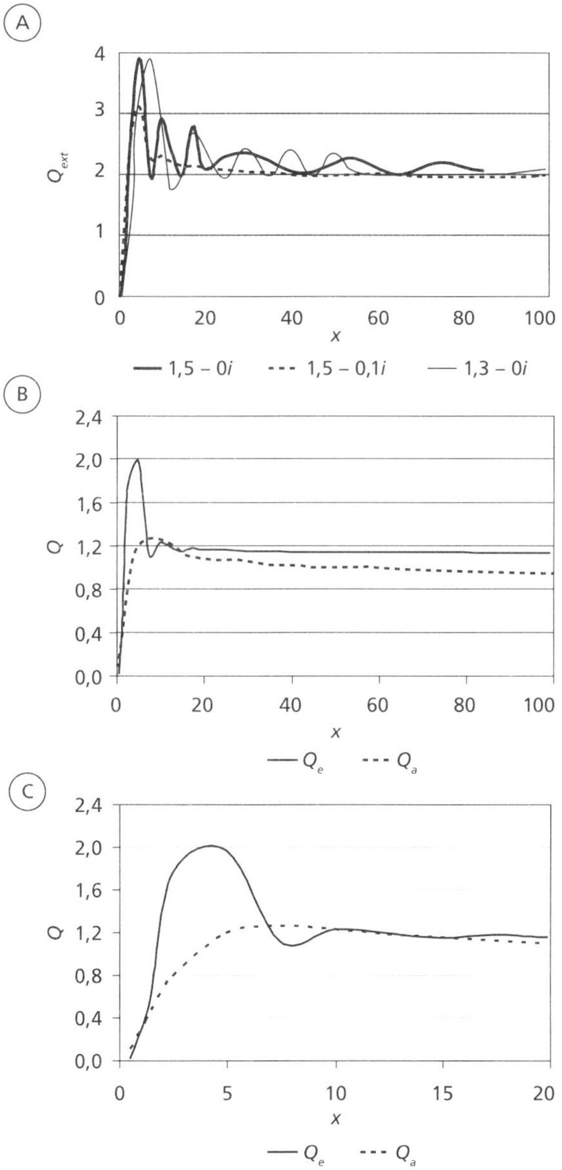

Fig. 5.11 *(A) Fator de eficiência de extinção em função do parâmetro de tamanho para partículas esféricas com diferentes índices de refração, (B) fator de eficiência de espalhamento e absorção para índice de refração igual a 1,5 – 0,1*i *e (C) ampliação do gráfico anterior para* x *pequeno*

Para uma população polidispersa de partículas (diversos tamanhos):

$$N(s') = \int_0^\infty n_p(r, s')\, dr \tag{5.35}$$

em que $n_p(r,s')$ é o número de partículas de raio r por unidade de volume de ar, por intervalo de tamanho (unidades: $N(s')$ em m^{-3}, r em μm e $n_p(r,s')$ em $m^{-3}\mu m^{-1}$), e representa a função de distribuição de tamanho.

E, finalmente, a profundidade óptica de extinção das partículas é determinada com base na integral:

$$\tau(\lambda, z') = \int_\infty^{z'} \beta(\lambda, z'')\, dz'' \tag{5.36}$$

Como as partículas de aerossol podem, além de espalhar, absorver radiação, dependendo do seu índice de refração, torna-se necessário definir um parâmetro que quantifique quanto da radiação atenuada ou extinta devido ao aerossol sofreu espalhamento. Isto é, a fração da radiação que foi atenuada por espalhamento ao interagir com as partículas de aerossol. Esse parâmetro é denominado albedo simples e definido como:

$$\omega_0(\lambda, z') = \frac{\beta_e(\lambda, z')}{\beta_e(\lambda, z') + \beta_a(\lambda, z')} = \frac{\beta_e(\lambda, z')}{\beta(\lambda, z')} \tag{5.37}$$

Pela definição, na ausência de absorção, $\omega_0(\lambda,z') = 1$, ou seja, o feixe de radiação é atenuado apenas por eventos de espalhamento. É óbvio que nesse caso a parte imaginária do índice de refração das partículas de aerossol nesse comprimento de onda é nula.

Devido à anisotropia da distribuição angular do espalhamento, a descrição matemática da função de fase é bastante complexa. Em geral, nos modelos numéricos computacionais que requerem muita precisão, a função de fase é decomposta em funções polinomiais do ângulo de espalhamento, por exemplo, utilizando-se os polinômios de Legendre P_ℓ:

$$P(\cos\Theta) = \sum_{\ell=0}^{2N-1} (2\ell + 1)\chi_\ell P_\ell(\cos\Theta) \tag{5.38}$$

em que o coeficiente de ordem j da expansão é obtido como:

$$\chi_j = \frac{1}{2} \int_{-1}^{1} P_j(\cos\Theta) P(\cos\Theta)\, d(\cos\Theta) \tag{5.39}$$

Quanto maior o tamanho da partícula, mais complexa a função de fase, e, por isso, maior o número ($2N$) de termos da série. Dependendo da complexidade, mais de cem termos podem ser necessários, e quanto maior o número de termos, maior o custo computacional. Para minimizar tal custo, torna-se conveniente utilizar aproximações analíticas para a função de fase que dependam de um único parâmetro que represente o grau de anisotropia ou assimetria da função de fase. Voltando à expansão em polinômios de Legendre, o primeiro momento da expansão, comumente representado pelo símbolo g ($= \chi_1 = \langle \cos\Theta \rangle$) e denominado fator de assimetria, é utilizado em tais aproximações, sendo que $g = 0$ para espalhamento simétrico (espalhamento Rayleigh ou molecular) e $g = 1$ para espalhamento completamente frontal.

Quanto maior o valor de g, maior o tamanho da partícula com relação ao comprimento de onda λ. Uma das funções analíticas usuais para aproximar a função de fase real das partículas de aerossol com fator de assimetria g é a função de fase de Henyey e Greenstein (1941):

$$P_{HG}(\cos\Theta, g) = \frac{1-g^2}{\left(1+g^2-2g\cos\Theta\right)^{\frac{3}{2}}} \tag{5.40}$$

Conforme discutido, o espalhamento molecular apresenta forte dependência espectral. Essa dependência diminui com o aumento do tamanho das partículas com relação ao comprimento de onda da radiação incidente. Dessa forma, com base em valores da profundidade óptica do aerossol em diferentes comprimentos de onda, pode-se inferir o tamanho médio predominante de partículas de aerossol na atmosfera por meio do coeficiente de Ångström, definido como:

$$\alpha(\lambda_1, \lambda_2) = \frac{-\ln\left[\tau(\lambda_1)/\tau(\lambda_2)\right]}{\ln(\lambda_1/\lambda_2)} \tag{5.41}$$

Quanto maior o valor de α, maior a dependência espectral e, por isso, menor o tamanho predominante das partículas. $\alpha \sim 2$ indica predominância de partículas de aerossol da moda fina (aquelas com raio menor que 2 μm), e $\alpha \sim 0$, predominância de partículas da moda grossa. Para a grande parte de tipos de aerossol atmosférico, $1 < \alpha < 2$.

Exercício 5.4: Qual o valor de α no limite de espalhamento Rayleigh?

5.4 O papel das nuvens

As nuvens cobrem cerca de 40% a 60% da superfície da Terra, refletem, absorvem e transmitem radiação solar e terrestre, além de emitir radiação terrestre. As nuvens baixas refletem significativamente a radiação solar, enquanto as mais altas tendem a reduzir a radiação de onda longa emitida para o espaço, visto que absorvem a radiação terrestre e reemitem à sua temperatura. Portanto, as nuvens desempenham um papel significativo sobre a temperatura do planeta. A reflexão de radiação solar contribui para resfriá-lo, já que menos radiação atinge a superfície da Terra. Por outro lado, sua capacidade de absorver radiação terrestre contribui para aquecer o planeta.

As gotas de nuvens quentes, que contêm água líquida, podem ser consideradas esféricas e suas propriedades ópticas podem ser derivadas da teoria Mie. Como o parâmetro de tamanho nesse caso é grande, isto é, o tamanho das gotas das nuvens é muito maior que o comprimento de onda no espectro solar, o espalhamento independe do comprimento de onda nessa região (Fig. 5.11). Além disso, a eficiência de espalhamento é alta. Como a água em estado líquido não absorve radiação no visível, uma vez que a parte imaginária do seu índice de refração é muito pequena, as nuvens praticamente não absorvem radiação nessa região espectral. Os modelos incorporam o efeito das nuvens nos processos radiativos da atmosfera com base em parametrizações envolvendo algumas de suas propriedades. Uma das parametrizações mais simples envolve o conteúdo de água líquida, w, o conteúdo integrado de água líquida, LWP (do inglês *liquid water path*), e o raio efetivo, r_{eff}, conforme as definições (Liou, 2002):

$$w = \frac{4\pi}{3}\rho \int r^3 n_g(r)\, dr \tag{5.42}$$

em que ρ é a densidade da água líquida, e $n_g(r)$, a distribuição numérica de gotas (análoga a n_p da Eq. 5.35).

$$LWP = \int_{base}^{topo} w(z)\, dz \tag{5.43}$$

$$r_{eff} = \frac{\int r^3 n_g(r) dr}{\int r^2 n_g(r) dr} \tag{5.44}$$

em que a integral em z é efetuada da base ao topo da nuvem.

Das Eqs. 5.33, 5.34 e 5.36, pode-se reescrever a profundidade óptica como:

$$\tau_{nuvem}(\lambda, z') = \int_{base}^{topo} \int \pi r^2 Q\left(\frac{2\pi r}{\lambda}, n(\lambda, z'')\right) n_g(r, z'')\, dr\, dz'' = \Delta z \int Q \pi r^2 n_g(r)\, dr \quad \textbf{(5.45)}$$

Com as definições apresentadas e o valor assintótico de Q para partículas muito grandes, $Q \sim 2$ (Fig. 5.11), a profundidade óptica da nuvem é parametrizada como:

$$\tau_{nuvem} = \frac{3}{2\rho} \frac{LWP}{r_{eff}} \quad \textbf{(5.46)}$$

Portanto, por essa aproximação, a profundidade óptica da nuvem aumenta com a sua quantidade total de água líquida e diminui com o aumento do raio efetivo de suas gotículas.

Por outro lado, a partir do infravermelho próximo, a absorção torna-se importante devido ao aumento dos coeficientes de absorção da água tanto na fase líquida quanto na forma de vapor. Em média, sobre o espectro solar, as nuvens refletem 74%, absorvem 10% e transmitem 16% da radiação solar total incidente.

Na janela atmosférica do infravermelho (8,5 μm a 12,5 μm), como o tamanho das gotas de nuvens é da mesma ordem de magnitude do comprimento de onda, pode-se utilizar a teoria Mie para descrever suas propriedades ópticas. Na ausência de espalhamento, a emissividade espectral das nuvens pode ser aproximada como (Chylek; Damiano; Shettle, 1992):

$$\varepsilon(\lambda) = 1 - e^{-\beta_a(\lambda)\Delta z} \quad \textbf{(5.47)}$$

em que $\beta_a(\lambda)$ é o coeficiente linear de absorção da nuvem, e Δz, a sua espessura geométrica. Das Eqs. 5.13 ou 5.33 e 5.34B, tem-se:

$$\beta_a(\lambda) = \pi \int r^2 Q_a\left(\frac{2\pi r}{\lambda}, n(\lambda)\right) n_g(r)\, dr \quad \textbf{(5.48)}$$

Da Fig. 5.11C, o fator de eficiência de absorção Q_a pode ser escrito, para partículas com parâmetro de tamanho entre 0 e 5 (isto é, gotas pequenas), como uma função linear de r:

$$Q_a = a_1 r \quad \textbf{(5.49)}$$

Com essa aproximação e a Eq. 5.42, obtém-se:

$$\beta_a = \frac{3a_1}{4\rho} w \quad \textbf{(5.50)}$$

Para gotas grandes, Q_a tende assintoticamente à unidade (Fig. 5.11B), ou seja:

$$Q_a = a_0 \tag{5.51}$$

em que a_0 é uma constante próxima a 1. Com essa aproximação e as Eqs. 5.42 e 5.44, obtém-se:

$$\beta_a = \frac{3a_0}{4\rho} \frac{w}{r_{eff}} \tag{5.52}$$

Dessa forma, quanto mais espessa a nuvem, quanto maior o seu conteúdo de água líquida e quanto menor o seu raio efetivo, melhor será a aproximação de corpo negro.

As nuvens *cirrus*, constituídas por cristais de gelo de várias formas, impõem maiores dificuldades na obtenção de modelos matemáticos que descrevam suas propriedades ópticas, visto que exigem tratamento matemático que descreva a interação de radiação com partículas não esféricas, tais como colunas, hexágonos e formas assimétricas.

Como as nuvens não são homogêneas e sua cobertura pode ser parcial, apresentando alta variabilidade espacial e temporal, o estudo de seus efeitos sobre a meteorologia e o clima é bastante complexo. Um exemplo simples observado localmente é que a reflexão pelas laterais de nuvens *cumulus* pode levar, por alguns instantes, a valores de irradiância que atingem a superfície maiores que em condições de atmosfera limpa. Vale lembrar também que, além do papel sobre o balanço de radiação do sistema Terra-atmosfera, as nuvens produzem vários fenômenos ópticos, tais como arco-íris, glória e halos, por espalharem radiação solar.

Exercício 5.5 (Liou, 2002): Ao nível do mar, o índice de refração do ar é de aproximadamente 1,000292 para λ = 0,3 μm. Determinar o índice de refração a 10 km de altura para esse comprimento de onda, sabendo que:

$$\delta(z) = \frac{M}{N_0} N(z)$$

em que M = 28,97 g/mol (peso molecular do ar), N_0 = 6,02295 × 10^{23} mol^{-1} (número de Avogadro), $N(z=0)$ = 25,5 × 10^{18} cm^{-3} e $N(z = 10\ km)$ = 8,6 × 10^{18} cm^{-3}. Em termos práticos: $(n-1)_{ar}$ = constante × δ.

Exercício 5.6: Supor uma camada de nuvem de profundidade óptica igual a 1 em região espectral onde não ocorram processos de espalhamento de radiação.

Assumindo que essa camada tenha espessura geométrica de 1 km:
a) Estimar a seção eficaz de cada uma das mil gotículas de mesmo tamanho que ocupam cada unidade de volume da nuvem.
b) Qual seria a variação (em %) sobre a transmitância da camada de nuvem se o caminho óptico fosse aumentado em 10%?

6 Equação de transferência radiativa (ETR)

A equação de transferência radiativa (ETR) é a equação fundamental para a avaliação de qualquer processo radiativo que ocorre na atmosfera. *Grosso modo*, a ETR determina a resultante da soma dos processos de atenuação e incremento à radiância espectral em determinada direção de propagação. Portanto, ela depende dos processos de espalhamento, absorção e emissão e é função das propriedades ópticas do meio atravessado, assim como das fontes de radiação. Dessa forma:

$$\underbrace{\text{Saldo de radiância}}_{\substack{\text{radiância emergente}\\ - \\ \text{radiância incidente}}} = \underbrace{\text{absorção}}_{<0} + \underbrace{\text{emissão}}_{>0} + \underbrace{\substack{\text{remoção por}\\ \text{espalhamento}}}_{<0} + \underbrace{\substack{\text{adição por}\\ \text{espalhamento proveniente}\\ \text{de outras fontes}}}_{>0} \tag{6.1}$$

Neste capítulo é apresentado o desenvolvimento matemático da ETR com base em diferentes considerações acerca dos processos envolvidos.

6.1 Lei de Beer

A Fig. 6.1 representa um feixe de radiância espectral L_λ à orientação de propagação $\Omega\,(\theta = \cos\zeta, \phi)$ que atravessa um determinado caminho óptico e sofre atenuação por absorção, espalhamento ou ambos os processos. Considere-se nesse meio atravessado um volume elementar de matéria (ds) situado à posição s do caminho óptico, que contém partículas, gotículas ou moléculas de mesmas características (tamanho, forma, natureza etc.).

O elemento diferencial de radiância espectral depende das propriedades ópticas do meio e da radiância espectral incidente e é obtido como:

$$dL_\lambda(\Omega, s) = -L_\lambda(\Omega, s)\,\beta_\lambda(s)\,ds \tag{6.2}$$

em que $\beta_\lambda(s)$ é o coeficiente linear de atenuação à posição s e representa as propriedades ópticas do meio atravessado para o comprimento de onda λ. Isto é,

$$\begin{aligned}\beta_\lambda(s) &= \beta_{\lambda_a}(s) + \beta_{\lambda_e}(s) \\ &= k_\lambda(s)\,\rho(s) = \sigma_\lambda(s)N(s)\end{aligned} \tag{6.3}$$

em que $k_\lambda(s)$ ($m^2 kg^{-1}$) é o coeficiente mássico de atenuação (ou de absorção, ou de espalhamento, caso somente um desses processos esteja ocorrendo), e $\rho(s)$ ($kg\ m^{-3}$), a densidade do meio atravessado. $\beta_\lambda(s)$ também pode ser expresso em função do produto entre a seção eficaz de atenuação (ou de absorção, ou de espalhamento, caso somente um desses processos esteja ocorrendo), $\sigma_\lambda(s)$ (m^2), e a concentração numérica de partículas presentes no meio, $N(s)$ (m^{-3}).

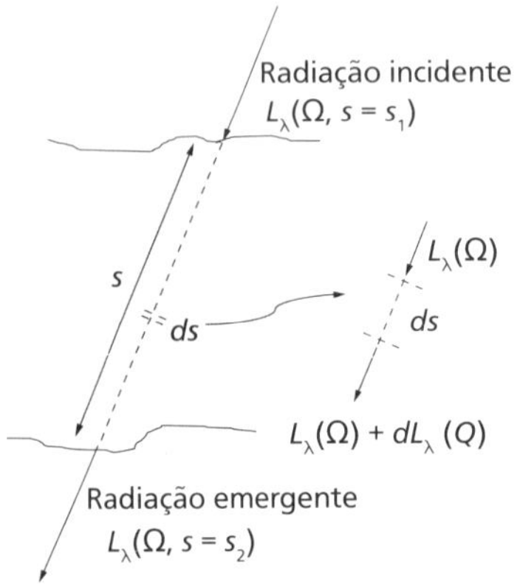

Fig. 6.1 *Esquema da atenuação sofrida por um feixe de radiação que se propaga na orientação Ω ao atravessar um volume de matéria de comprimento* ds, *caracterizado pela radiância espectral* L_λ

Voltando à Eq. 6.2, vê-se que $\beta_\lambda(s)$ pode ser obtido sem que sejam necessários maiores conhecimentos sobre as propriedades ópticas do meio atravessado. Ou seja, interpretando-o como a taxa de redução de radiância espectral por unidade de caminho óptico:

$$\beta_\lambda(s) = -\frac{dL_\lambda / L_\lambda}{ds} \tag{6.2'}$$

Portanto, a atenuação da radiância espectral entre duas posições $s = s_1$ e $s = s_2$ é dada por:

$$\int_{s_1}^{s_2} \frac{dL_\lambda(\Omega, s)}{L_\lambda(\Omega, s)} = -\int_{s_1}^{s_2} \beta_\lambda(s)\,ds$$

$$\ln L_\lambda(\Omega, s_2) - \ln L_\lambda(\Omega, s_1) = -\int_{s_1}^{s_2} \beta_\lambda(s)\,ds$$

$$\ln\left\{\frac{L_\lambda(\Omega, s_2)}{L_\lambda(\Omega, s_1)}\right\} = -\int_{s_1}^{s_2} \beta_\lambda(s)\,ds$$

$$L_\lambda(\Omega, s_2) = L_\lambda(\Omega, s_1)\exp\left\{-\int_{s_1}^{s_2} \beta_\lambda(s)\,ds\right\}$$

$$L_\lambda(\Omega, s_2) = L_\lambda(\Omega, s_1)\exp\left[-\delta_\lambda(s_1, s_2)\right] \quad \textbf{(6.4)}$$

em que $L_\lambda(\Omega, s_1)$ é a radiância espectral incidente, $L_\lambda(\Omega, s_2)$, a radiância espectral emergente, e $\delta_\lambda(s_1, s_2)$, a espessura óptica do volume de matéria no comprimento de onda λ entre as posições s_1 e s_2 do caminho óptico, dada por:

$$\delta_\lambda(s_1, s_2) = \int_{s_1}^{s_2} \beta_\lambda(s)\,ds \quad \textbf{(6.5)}$$

A Eq. 6.4 representa a lei de atenuação exponencial ou lei de Beer, também conhecida como lei de Beer-Lambert-Bouguer – August Beer (1825-1863) foi um físico, matemático e químico alemão; Johann Heinrich Lambert (1728-1777), um matemático, físico, filósofo e astrônomo suíço; e Pierre Bouguer (1698-1758), um matemático, geofísico, geodesista e astrônomo francês. Essa lei descreve como a radiância espectral numa determinada orientação diminui ao atravessar um meio, devido aos processos de absorção e/ou de espalhamento, de acordo com a Eq. 6.3. Assim, a espessura óptica do meio atravessado também é dada pela soma de ambos os processos de atenuação e pode ser escrita da mesma forma: $\delta_\lambda(s_1, s_2) = \delta_{\lambda_a}(s_1, s_2) + \delta_{\lambda_e}(s_1, s_2)$.

É muito importante notar que o caráter aditivo da espessura óptica faz com que a transmitância espectral direta (Eq. 4.3) do meio seja um produto entre as transmitâncias espectrais de absorção e espalhamento. Isto é:

$$\begin{aligned} t_{\lambda_D} &= e^{-\delta_\lambda} = e^{-\tau_\lambda(s)/\cos\zeta_0} = e^{-[\tau_{\lambda_a}(s) + \tau_{\lambda_e}(s)]/\cos\zeta_0} = \\ &= e^{-\tau_{\lambda_a}(s)/\cos\zeta_0}\, e^{-\tau_{\lambda_e}(s)/\cos\zeta_0} = t_{\lambda_{D_a}}\, t_{\lambda_{D_e}} \end{aligned} \quad \textbf{(6.6)}$$

Exercício 6.1: Um sinalizador emite um feixe direto de radiação monocromática (λ = 0,55 μm) de potência 1.000 W m^{-2} a ser recebido por um alvo postado a uma distância arbitrária de um caminho óptico cujo coeficiente linear de atenuação é β m^{-1}. Um sensor postado a 50 m do sinalizador mede a irradiância de 82,1 W m^{-2}. Sabendo que esse sensor não mede irradiâncias inferiores a 0,1 W m^{-2}, determinar a distância máxima na qual pode ser colocado o sensor para que ele detecte a presença do sinalizador.

É importante ressaltar que outros processos também podem ocorrer durante a interação entre a radiação e o volume de matéria, inclusive aqueles que adicionam energia ao feixe emergente de radiação. Tais processos podem ser classificados em a) absorção (1), b) emissão (2) e c) espalhamento, que pode tanto ser de remoção (3) quanto de adição (4) de fótons ao feixe. Assim, o elemento diferencial de radiância espectral é dado pelo somatório desses quatro componentes. Para tanto, basta reescrever a Eq. 6.1:

$$dL_\lambda(\Omega,s)=\sum_{i=1}^{4} dL_\lambda^{(i)}(\Omega,s) \tag{6.7}$$

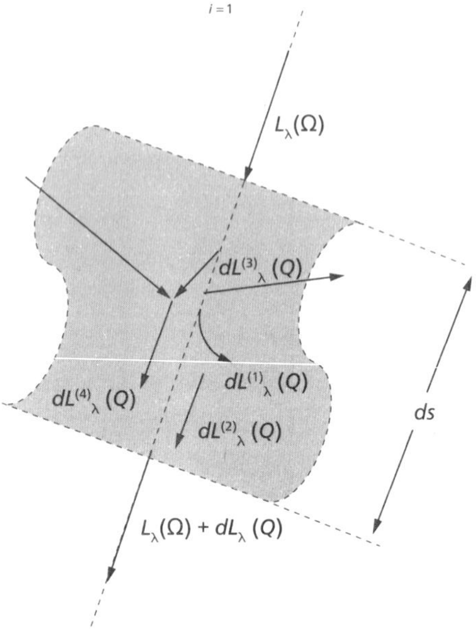

Fig. 6.2 *Esquema da remoção ou adição de radiância espectral por absorção, espalhamento ou emissão ao longo de um caminho óptico* ds. *A radiação pode ser desviada para a orientação de observação Ω a partir de radiância disponível em outras orientações e vice-versa*

A Fig. 6.2 ilustra esses processos atravessando o volume infinitesimal de matéria *ds*.

Quando o elemento diferencial dL_λ é positivo, ocorre resfriamento do meio atravessado, e quando é negativo, ocorre aquecimento. Cada um dos termos da Eq. 6.7 contribui da seguinte forma:

$$dL_\lambda(\Omega,s)=\underbrace{dL_\lambda^{(1)}(\Omega,s)}_{\text{absorção }(<0)}+\underbrace{dL_\lambda^{(2)}(\Omega,s)}_{\text{emissão }(>0)}+\underbrace{dL_\lambda^{(3)}(\Omega,s)}_{\substack{\text{remoção por}\\ \text{espalhamento}\\ (<0)}}+\underbrace{dL_\lambda^{(4)}(s,\Omega)}_{\substack{\text{adição por}\\ \text{espalhamento}\\ \text{proveniente de}\\ \text{outras fontes }(>0)}} \tag{6.7'}$$

A equação que considera a ocorrência de todos os processos de interação entre a radiação eletromagnética e um volume de matéria é denominada equação de transferência radiativa (ETR) e descreve como a radiância espectral se propaga nesse volume de matéria. Nas próximas seções a ETR será deduzida matematicamente, a princípio na ausência de espalhamento, em seguida na ausência dos efeitos de absorção e emissão e, finalmente, na presença de todos esses processos, obtendo-se, assim, a equação geral da transferência radiativa.

6.2 Forma diferencial da ETR na ausência de espalhamento – equação de Schwarzschild

A primeira forma particular da ETR considera apenas os processos de absorção e emissão de radiação em um determinado comprimento de onda. Nesse caso específico, os efeitos de espalhamento são considerados desprezíveis. Isto é, da Eq. 6.7, serão considerados apenas os dois primeiros termos:

$$dL_\lambda(\Omega,s) = -dL_\lambda^{(1)}(\Omega,s) + dL_\lambda^{(2)}(\Omega,s)$$

Trata-se, portanto, de uma boa aproximação para o estudo da propagação de radiação terrestre na atmosfera. Nesse caso, a radiância espectral que atravessa o volume de matéria pode sofrer variações elementares por:

a) atenuação parcial da radiância espectral incidente no volume de matéria por absorção. Dessa forma, a quantidade de radiância espectral absorvida é dada por:

$$dL_\lambda^{(1)}(\Omega,s) = L_\lambda(\Omega,s)\,\beta_{\lambda_a}(s)\,ds \qquad \textbf{(6.8)}$$

Portanto, em analogia à Eq. 1.15, a absortância espectral é dada por:

$$a_\lambda(s) = \frac{dL_\lambda(\Omega,s)}{L_\lambda(\Omega,s)} = \beta_{\lambda_a}(s)\,ds \qquad \textbf{(6.9)}$$

b) emissão à temperatura em que se encontra o volume de matéria:

$$dL_\lambda^{(2)}(\Omega,s) = \varepsilon_\lambda(s)B_\lambda[T(s)] \qquad \textbf{(6.10)}$$

Lembrando que a emissividade espectral de um corpo qualquer à temperatura T pode ser definida como:

$$\varepsilon_\lambda(s) = \frac{dL_\lambda^{(2)}(\Omega,s)}{B_\lambda[\lambda,T(s)]} \qquad \textbf{(6.11)}$$

Mas, da lei de Kirchhoff (seção 2.1), tem-se que $a_\lambda(s) = \varepsilon_\lambda(s)$. Portanto, a Eq. 6.10 pode ser reescrita como:

$$dL_\lambda^{(2)}(\Omega, s) = B_\lambda[T(s)]\,\beta_{\lambda_a}(s)\,ds \tag{6.12}$$

Considerando a ocorrência simultânea de ambos os processos:

$$-dL_\lambda^{(1)}(\Omega, s) + dL_\lambda^{(2)}(\Omega, s) = -L_\lambda(\Omega, s)\,\beta_{\lambda_a}(s)\,ds + B_\lambda[T(s)]\beta_{\lambda_a}(s)\,ds \tag{6.13}$$

ou ainda

$$\frac{dL_\lambda(\Omega, s)}{\beta_{\lambda_a}(s)\,ds} = -L_\lambda(\Omega, s) + B_\lambda[T(s)] \tag{6.13'}$$

Essa é a forma diferencial da ETR na ausência de espalhamento ou equação de Schwarzschild. Assim, a radiância espectral pode diminuir ou aumentar após interagir com o volume de matéria, conforme a importância relativa dos processos de emissão e de absorção.

6.3 Forma diferencial da ETR na ausência de absorção/emissão

A segunda forma particular da ETR considera apenas os processos de espalhamento. É uma boa aproximação em regiões espectrais nas quais os processos de absorção e emissão são nulos ou podem ser considerados desprezíveis, como na região do espectro solar compreendida entre 0,35 μm e 0,40 μm. Nesse caso, o elemento diferencial de radiância depende apenas dos dois últimos termos da Eq. 6.7:

$$dL_\lambda(\Omega, s) = -dL_\lambda^{(3)}(\Omega, s) + dL_\lambda^{(4)}(\Omega, s) \tag{6.14}$$

em que $dL_\lambda^{(3)}$ representa o espalhamento de uma parte da radiância espectral incidente segundo Ω para outras direções (ou "para fora"). Por outro lado, o termo $dL_\lambda^{(4)}$ adiciona energia ao feixe emergente e representa o espalhamento de radiância espectral proveniente de outras orientações do espaço para a direção Ω. Trata-se do efeito resultante da ocorrência de espalhamento múltiplo, isto é, quando um mesmo fóton sofre mais de um processo de espalhamento ao atravessar um volume de matéria. A probabilidade de ocorrência de mais de um evento de espalhamento eleva-se com o aumento da profundidade óptica ou da concentração das partículas espalhadoras (*vide* Figs. 6.3 e 6.4).

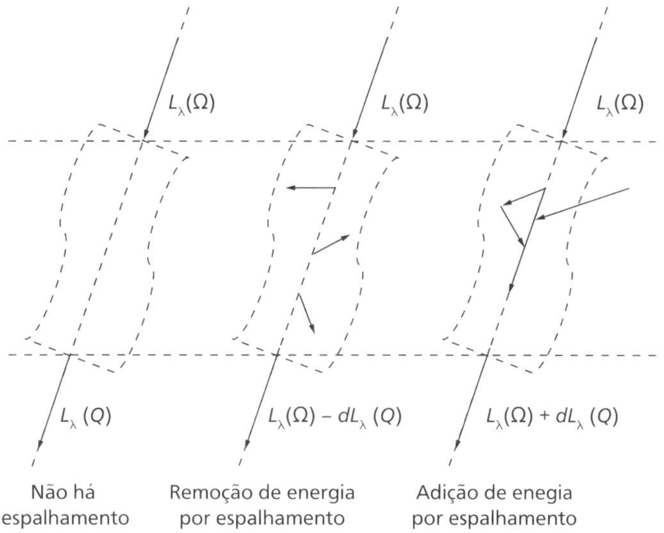

Fig. 6.3 *Redução ou adição da radiância espectral por espalhamento ao atravessar um caminho óptico em um volume de matéria*

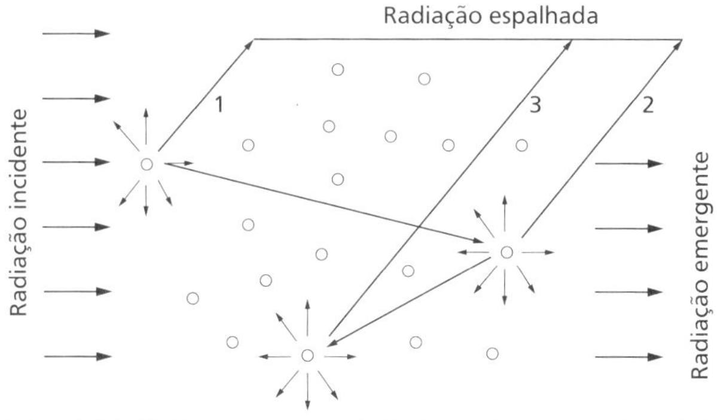

Fig. 6.4 *Espalhamento múltiplo. Os números 1, 2 e 3 indicam os espalhamentos de 1ª, 2ª e 3ª ordem, respectivamente*
Fonte: adaptado de Liou (2002).

Voltando à Eq. 6.14, há duas possíveis variações elementares de radiância espectral. O primeiro termo representa a atenuação parcial da radiância espectral incidente por espalhamento, isto é:

$$dL_\lambda^{(3)}(\Omega, s) = L_\lambda(\Omega, s)\,\beta_{\lambda_e}(s)\,ds \tag{6.15}$$

Enquanto o segundo termo representa a produção de radiância espectral difusa pelos constituintes do volume de matéria na orientação de interesse:

$$dL_\lambda^{(4)}(\Omega, s) = J_\lambda(\Omega, s)\,\beta_{\lambda_e}(s)\,ds \tag{6.16}$$

em que o termo $J_\lambda(\Omega,s)$ é a função fonte por espalhamento, dada por:

$$J_\lambda(\Omega,s)=\frac{1}{4\pi}\int_{4\pi} L_\lambda(\Omega',s)p(\lambda,s,\Omega',\Omega)d\Omega' \quad (6.17)$$

em que $L_\lambda(\Omega',s)$ é a radiância espectral disponível para espalhamento proveniente de outras direções Ω', e $p(\lambda,s,\Omega',\Omega)$, a função de fase.

Assim, a Eq. 6.14 pode ser reescrita como:

$$dL_\lambda(\Omega,s)=-L_\lambda(\Omega,s)\beta_{\lambda_e}(s)ds+J_\lambda(\Omega,s)\beta_{\lambda_e}(s)ds \quad (6.18)$$

ou ainda

$$\frac{dL_\lambda(\Omega,s)}{\beta_{\lambda_e}(s)ds}=-L_\lambda(\Omega,s)+J_\lambda(\Omega,s) \quad (6.18')$$

Portanto, a radiância espectral associada ao feixe pode aumentar ou diminuir após interagir com o volume de matéria, conforme a importância relativa dos processos de atenuação por espalhamento e de produção de radiância espectral difusa no comprimento de onda em questão.

6.4 Equação geral de transferência radiativa

Considerando a ocorrência de todos os processos (absorção, emissão e espalhamento), é possível somar as Eqs. 6.13 e 6.18:

$$\begin{aligned} dL_\lambda(\Omega,s)=&-L_\lambda(\Omega,s)\beta_{\lambda_a}(s)\,ds-L_\lambda(\Omega,s)\beta_{\lambda_e}(s)ds+\\ &+B_\lambda[T(s)]\beta_{\lambda_a}(s)ds+J_\lambda(\Omega,s)\beta_{\lambda_e}(s)ds \end{aligned} \quad (6.19)$$

Como $\beta_\lambda(s)=\beta_{\lambda_a}(s)+\beta_{\lambda_e}(s)$ (Eq. 6.3) e $\omega_{0_\lambda}(s)=\dfrac{\beta_{\lambda_e}(s)}{\beta_\lambda(s)}$ (Eq. 5.37), têm-se:

$$\beta_{\lambda_e}(s)=\omega_{0_\lambda}(s)\beta_\lambda(s)$$

e

$$\beta_{\lambda_a}(s)=[1-\omega_{0_\lambda}(s)]\beta_\lambda(s)$$

Substituindo na Eq. 6.19:

$$\begin{aligned} dL_\lambda(\Omega,s)=&-L_\lambda(\Omega,s)\beta_\lambda(s)ds+\\ &+B_\lambda[T(s)][1-\omega_{0_\lambda}(s)]\beta_\lambda(s)ds+\\ &+J_\lambda(\Omega,s)\omega_{0_\lambda}(\lambda,s)\beta_\lambda(s)ds \end{aligned}$$

Portanto,

$$\frac{dL_\lambda(\Omega,s)}{\beta_\lambda(s)ds}=-L_\lambda(\Omega,s)+[1-\omega_{0_\lambda}(s)]B_\lambda[T(s')]+\omega_{0_\lambda}(s)J_\lambda(\Omega,s) \quad (6.20)$$

Essa é a forma diferencial da equação geral de transferência radiativa. Vale lembrar que para $\omega_{0_\lambda}(s) = 1 \rightarrow \beta_{\lambda_a}(s) = 0$ e para $\omega_{0_\lambda}(s) = 0 \rightarrow \beta_{\lambda_e}(s) = 0$.

6.5 Aproximação de atmosfera plano-paralela

Uma vez que a região "opticamente ativa" da atmosfera tem espessura geométrica vertical (de aproximadamente 100 km) muito menor que o raio da Terra (da ordem de 6.300 km), é aceitável considerar a atmosfera como um conjunto de camadas verticalmente estruturadas e horizontalmente homogêneas. Essa hipótese é plausível para a maior parte das aplicações meteorológicas e climatológicas em escala regional e sempre que as variações verticais de temperatura e pressão e dos constituintes atmosféricos (T, P, N, β) forem muito mais importantes que as respectivas variações horizontais. As seguintes considerações também devem ser levadas em conta:

a) As orientações de propagação Ω são descritas em termos de coordenadas locais horizontais ($\pm\mu$,ϕ), em que $\mu = cos\zeta$, ζ é o ângulo zenital, e ϕ, o ângulo azimutal, contado a partir do norte geográfico, para leste. Os sinais + e – são a convenção para feixes ascendentes e descendentes, respectivamente.
b) As posições s do caminho óptico são descritas por valores de altitude z, contada a partir do nível do mar, conforme mostra a Fig. 6.5.

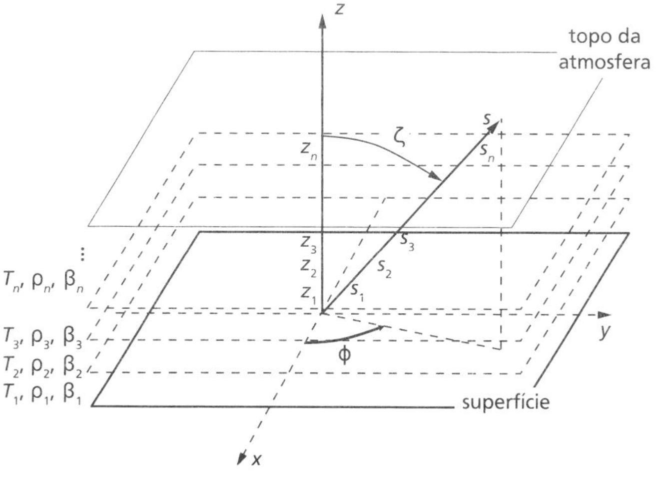

Fig. 6.5 *Atmosfera plano-paralela, caracterizada por camadas estruturadas verticalmente e homogêneas horizontalmente*

c) As variações elementares ds são descritas por variações elementares de altitude dz, considerando o sentido de propagação do feixe em questão, isto é:

$$ds = \frac{dz}{\cos\zeta} = \frac{dz}{\mu} \tag{6.21}$$

conforme mostra a Fig. 6.6.

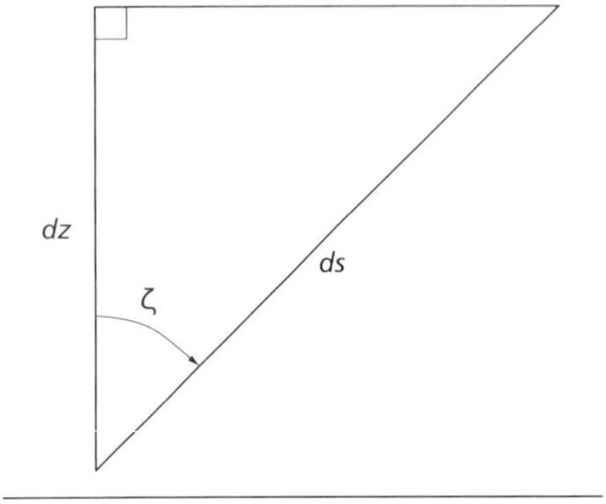

Fig. 6.6 *Relação entre* dz e ds

Portanto, a atmosfera plano-paralela consiste de um determinado número de camadas atmosféricas, cada uma caracterizada por propriedades homogêneas e delimitada por planos infinitos no topo e na base, chamados bordas ou limites. Em geral, o topo (ou limite superior) coincide com o topo da atmosfera, e a base (ou limite inferior), com a superfície.

A partir desse sistema de coordenadas, o ângulo de espalhamento pode ser deduzido da geometria esférica – a dedução da equação para o ângulo de espalhamento encontra-se no apêndice C de Liou (2002) –, em função dos sentidos de incidência e emergência do feixe, e escrito como:

$$\cos\Theta = \mu\mu' + (1-\mu^2)^{1/2}(1-\mu'^2)^{1/2}\cos(\phi-\phi') \tag{6.22}$$

Substituindo $\Omega = (\pm\mu, \phi)$ e $ds = \pm\frac{dz}{\mu}$ na forma geral da ETR e lembrando que $\beta_\lambda(s) = \beta_\lambda(z)$:

$$\pm\frac{\mu dL_\lambda(z,\mu,\phi)}{\beta_\lambda(z)dz} = -L_\lambda(z,\pm\mu,\phi) + [1-\omega_{0_\lambda}(z)]B_\lambda[T(z)] + \omega_{0_\lambda}(z)J_\lambda(z,\pm\mu,\phi) \tag{6.23}$$

Da definição de profundidade óptica, tem-se:

$$\frac{d\tau_\lambda(z)}{dz} = -\beta_\lambda(z) \tag{6.24}$$

Substituindo $\beta_\lambda(z)dz = -d\tau_\lambda(z)$ na forma geral da ETR:

$$\pm\frac{\mu dL_\lambda(z,\mu,\phi)}{d\tau} = L_\lambda(z,\pm\mu,\phi) - [1-\omega_{0_\lambda}(z)]B_\lambda[T(z)] - \omega_{0_\lambda}(z)J_\lambda(\lambda,z,\pm\mu,\phi) \tag{6.25}$$

em que

$$J_\lambda(z,\pm\mu,\phi) = \int_0^{2\pi}\int_{-1}^{1} L_\lambda(z,\mu',\phi')p_\lambda(z,\mu'\phi',\pm\mu,\phi)\frac{d\mu' d\phi'}{4\pi} \quad \textbf{(6.26)}$$

Finalmente, torna-se mais simples a separação das equações específicas à propagação de radiâncias espectrais nos diferentes componentes, de acordo com a orientação:

- Componente ascendente ($\mu > 0$):

$$\frac{+\mu dL_\lambda(z,\mu,\phi)}{d\tau} = L_\lambda(z,\mu,\phi) - [1-\omega_{0_\lambda}(z)]B_\lambda[T(z')] - \omega_{0_\lambda}(z)J_\lambda(z,\mu,\phi) \quad \textbf{(6.27)}$$

Multiplicando todos os termos por $\frac{d\tau}{\mu}e^{-\tau/\mu}$ e, por enquanto, omitindo os índices para simplificar:

$$dLe^{-\tau/\mu} = \frac{L}{\mu}e^{-\tau/\mu}d\tau - \frac{[1-\omega_0]}{\mu}Be^{-\tau/\mu}d\tau - \frac{\omega_0}{\mu}Je^{-\tau/\mu}d\tau \quad \textbf{(6.28)}$$

Para resolver a Eq. 6.28, suponha-se a função $f(A,B) = \mp A\exp(\pm B)$, cujo diferencial é expresso como:

$$df(A,B) = d\left[\mp A\exp(\pm B)\right] = \mp\exp(\pm B)dA - A\exp(\pm B)dB \quad \textbf{(6.29)}$$

de forma que, voltando à Eq. 6.28 e aplicando a fórmula de derivação (Eq. 6.29):

$$d\left[Le^{-\tau/\mu}\right] = dLe^{-\tau/\mu} - \frac{d\tau}{\mu}Le^{-\tau/\mu}$$

$$d\left[Le^{-\tau/\mu}\right] = -\frac{[1-\omega_0]}{\mu}Be^{-\tau/\mu}d\tau - \frac{\omega_0}{\mu}Je^{-\tau/\mu}d\tau \quad \textbf{(6.30)}$$

Portanto, integrando-se ambos os membros da Eq. 6.30, desde a superfície até uma altura qualquer da atmosfera, caracterizadas por $\tau = \tau_{sup}$ e $\tau = \tau'$, respectivamente:

$$\int_{\tau_{sup}}^{\tau'} d[Le^{-\tau/\mu}] = \int_{\tau_{sup}}^{\tau'}\left[\frac{-(1-\omega_0)}{\mu}Be^{-\tau/\mu} - \frac{\omega_0}{\mu}Je^{-\tau/\mu}\right]d\tau$$

$$Le^{-\tau/\mu}\Big|_{\tau_{sup}}^{\tau'} = \int_{\tau_{sup}}^{\tau'}\frac{-(1-\omega_0)}{\mu}Be^{-\tau/\mu}d\tau - \int_{\tau_{sup}}^{\tau'}\frac{\omega_0}{\mu}Je^{-\tau/\mu}d\tau$$

$$L(\tau')e^{-\tau'/\mu} - L(\tau_{sup})e^{-\tau_{sup}/\mu} = \int_{\tau_{sup}}^{\tau'} \frac{-(1-\omega_0)}{\mu} Be^{-\tau/\mu} d\tau - \int_{\tau_{sup}}^{\tau'} \frac{\omega_0}{\mu} Je^{-\tau/\mu} d\tau$$

Isolando $L(\tau')$, tem-se:

$$L(\tau') = L(\tau_{sup})e^{\left(\frac{-\tau_{sup}+\tau'}{\mu}\right)} - \int_{\tau_{sup}}^{\tau'} \frac{(1-\omega_0)}{\mu} Be^{\left(\frac{-\tau+\tau'}{\mu}\right)} d\tau - \int_{\tau_{sup}}^{\tau'} \frac{\omega_0}{\mu} Je^{\left(\frac{-\tau+\tau'}{\mu}\right)} d\tau$$

E, reintroduzindo os índices:

$$\begin{aligned} L_\lambda(\tau',\mu,\phi) = {} & L_\lambda(\tau_{sup},\mu,\phi)e^{\left(\frac{-\tau_{sup}+\tau'}{\mu}\right)} - \int_{\tau_{sup}}^{\tau'} \frac{[1-\omega_{0_\lambda}(\tau)]}{\mu} B_\lambda[T(\tau)]e^{\left(\frac{-\tau+\tau'}{\mu}\right)} d\tau \\ & - \int_{\tau_{sup}}^{\tau'} \frac{\omega_{0_\lambda}(\tau)}{\mu} J_\lambda(\tau,\mu,\phi)e^{\left(\frac{-\tau+\tau'}{\mu}\right)} d\tau \end{aligned} \tag{6.31}$$

Lembrando sempre que τ_{sup}, τ' e τ também representam grandezas espectrais, isto é:

$$\tau_{sup} = \tau_{sup\lambda}, \quad \tau' = \tau'_\lambda \quad e \quad \tau = \tau_\lambda$$

- Componente descendente ($\mu' < 0$):

$$\left(-\mu\frac{dL}{d\tau} = L - (1-\omega_0)B - \omega_0 J\right)\left(\frac{-e^{\tau/\mu}}{\mu} d\tau\right)$$

$$dLe^{\tau/\mu} = -L\frac{e^{\tau/\mu}}{\mu} d\tau + (1-\omega_0)B\frac{e^{\tau/\mu}}{\mu} d\tau + \omega_0 J\frac{e^{\tau/\mu}}{\mu} d\tau$$

Da fórmula de derivação (Eq. 6.29), tem-se:

$$d\left[Le^{\tau/\mu}\right] = dLe^{\tau/\mu} + \frac{L}{\mu}e^{\tau/\mu} d\tau$$

e, portanto:

$$d\left[Le^{\tau/\mu}\right] = \left[(1-\omega_0)B\frac{e^{\tau/\mu}}{\mu} + \omega_0 J\frac{e^{\tau/\mu}}{\mu}\right] d\tau$$

que, integrando-se desde o topo da atmosfera até uma altitude qualquer dela, caracterizada pela profundidade óptica τ':

$$\int_0^{\tau'} d\left[Le^{\tau/\mu}\right] = \int_0^{\tau'} \frac{(1-\omega_0)}{\mu} Be^{\tau/\mu} d\tau + \int_0^{\tau'} \frac{\omega_0}{\mu} Je^{\tau/\mu} d\tau$$

$$L(\tau')e^{\tau'/\mu} - L(0) = \int_0^{\tau'} \frac{(1-\omega_0)}{\mu} B e^{\tau/\mu} d\tau + \int_0^{\tau'} \frac{\omega_0}{\mu} J e^{\tau/\mu} d\tau$$

Portanto,

$$L(\tau') = L(0)e^{-\tau'/\mu} + \int_0^{\tau'} \frac{(1-\omega_0)}{\mu} B e^{-(\tau'-\tau)/\mu} d\tau + \int_0^{\tau'} \frac{\omega_0}{\mu} J e^{-(\tau'-\tau)/\mu} d\tau$$

ou, com os respectivos índices:

$$L_\lambda(\tau', -\mu, \phi) = L(0, -\mu, \varphi)e^{-\tau'/\mu} + \int_0^{\tau'} \frac{\left[1-\omega_{0_\lambda}(\tau)\right]}{\mu} B_\lambda\left[T(\tau)\right] e^{-(\tau'-\tau)/\mu} d\tau$$
$$+ \int_0^{\tau'} \frac{\omega_{0_\lambda}(\tau)}{\mu} J_\lambda(\tau, \mu, \phi) e^{-(\tau'-\tau)/\mu} d\tau \qquad \textbf{(6.32)}$$

6.6 Propagação de radiação solar

Para estudar a propagação de radiação na região do espectro solar, pode-se levar em conta o fato de que a temperatura do Sol é muito maior do que a da Terra e, portanto, o termo da ETR que envolve emissão de radiação é desprezível. Portanto, a ETR pode ser escrita como:

$$\pm\mu \frac{dL_\lambda(\tau, \pm\mu, \phi)}{d\tau} = L_\lambda(\tau, \pm\mu, \phi) - \omega_{0_\lambda}(\tau) J_\lambda(\tau, \pm\mu, \phi) \qquad \textbf{(6.33)}$$

Separando a radiância nos componentes direto e difuso, isto é:

$$L_\lambda(\tau, \pm\mu, \phi) = S_\lambda(\tau, -\mu_0, \phi_0) + I_\lambda(\tau, \pm\mu, \phi)$$

ou ainda

$$L_\lambda(\tau, \pm\mu, \phi) = S_\lambda(\tau)\, \delta(\mu - \mu_0)\, \delta(\phi - \phi_0) + I_\lambda(\tau, \pm\mu, \phi) \qquad \textbf{(6.34)}$$

em que a função $\delta(x)$ é a função delta de Dirac, cujas propriedades são:

$$\delta(x - x_0) = \begin{cases} 0, \ para\ x \neq x_0 \\ \infty, \ para\ x = x_0 \end{cases}$$

$$\int_{-\infty}^{\infty} f(x)\delta(x - x_0)dx = f(x_0)$$

Com essa decomposição, a função fonte de espalhamento é reescrita como:

$$J_\lambda(\tau,\pm\mu,\phi)=\int_0^{2\pi}\int_{-1}^{1}L_\lambda(\tau,\mu',\phi')p_\lambda(\tau,\mu',\phi',\pm\mu,\phi)\frac{d\mu'\,d\phi'}{4\pi}$$

$$=\int_0^{2\pi}\int_{-1}^{1}S_\lambda(\tau)\delta(\mu'-\mu_0)\delta(\phi'-\phi_0)p_\lambda(\tau,\mu',\phi',\pm\mu,\phi)\frac{d\mu'\,d\phi'}{4\pi}$$

$$+\int_0^{2\pi}\int_{-1}^{1}I_\lambda(\tau,\mu',\phi')p_\lambda(\tau,\mu',\phi',\pm\mu,\phi)\frac{d\mu'\,d\phi'}{4\pi}$$

Portanto,

$$J_\lambda(\tau,\pm\mu,\phi)=\frac{S_\lambda(\tau)}{4\pi}p_\lambda(\tau,\cos\Theta_0)+\int_0^{2\pi}\int_{-1}^{1}I_\lambda(\tau,\mu',\phi')p_\lambda(\tau,\cos\Theta')\frac{d\mu'\,d\phi'}{4\pi} \qquad \textbf{(6.35)}$$

em que

$$p_\lambda(\tau,\cos\Theta')=p_\lambda(\tau,\mu',\phi',\pm\mu,\phi)$$

$$p_\lambda(\tau,\cos\Theta_0)=p_\lambda(\tau,-\mu_0,\phi_0,\pm\mu,\phi)$$

$$\cos\Theta'=\mu'\mu+(1-\mu'^2)^{1/2}(1-\mu^2)^{1/2}\cos(\phi'-\phi)$$

$$\cos\Theta_0=-\mu_0\mu+(1-\mu_0{}^2)^{1/2}\cos(\phi-\phi_0)$$

Voltando à ETR (Eq. 6.33) e realizando as substituições:

$$\pm\mu\frac{dI_\lambda(\tau,\pm\mu,\phi)}{d\tau}=I_\lambda(\tau,\pm\mu,\phi)$$

$$-\frac{\omega_{0\lambda}(\tau)}{4\pi}S_\lambda(\tau)p_\lambda(\tau,\cos\Theta_0)\begin{cases}\text{produção de radiância espectral difusa}\\ \text{por espalhamento simples de}\\ \text{radiância solar direta}\end{cases}$$

$$-\frac{\omega_{0\lambda}(\tau)}{4\pi}\int_0^{2\pi}\int_{-1}^{1}I_\lambda(\tau,\mu',\phi')p_\lambda(\tau,\cos\Theta')d\mu'd\phi'\begin{cases}\text{produção de radiância espectral difusa}\\ \text{por espalhamento de radiância}\\ \text{difusa disponível em }\tau\end{cases} \qquad \textbf{(6.36)}$$

Para o componente direto:

$$-\mu_0\frac{dS_\lambda(\tau)}{d\tau}=S_\lambda(\tau)$$

$$\int_{\tau'}^{0}\frac{dS_\lambda(\tau)}{S_\lambda(\tau)}=-\int_{\tau'}^{0}\frac{1}{\mu_0}d\tau\Rightarrow \ln S_\lambda\Big|_{\tau'}^{0}=-\frac{\tau}{\mu_0}\Bigg|_{\tau'}^{0}\Rightarrow \ln S_{0\lambda}-\ln S_\lambda(\tau')=\frac{\tau'}{\mu_0}$$

$$\ln\left(\frac{S_{0\lambda}}{S_\lambda(\tau')}\right)=\frac{\tau'}{\mu_0}\Rightarrow\frac{S_{0\lambda}}{S_\lambda(\tau')}=e^{\tau'/\mu_0}\Rightarrow S_\lambda(\tau')=S_{0\lambda}e^{-\tau'/\mu_0}\begin{cases}\textit{lei de}\\ \textit{Beer}\end{cases}\quad\textbf{(6.37)}$$

Portanto, a radiância espectral solar direta sofre apenas atenuação pela lei de Beer.

Outra simplificação da solução analítica é obtida para o caso em que a probabilidade de ocorrência de espalhamento múltiplo ou produção de radiância espectral difusa por espalhamento de radiância espectral difusa já disponível for desprezível. Essa situação ocorre em regiões espectrais nas quais os valores da profundidade óptica da atmosfera são muito baixos. Por exemplo, no infravermelho próximo, na ausência de nuvens ou partículas de aerossol muito grandes (da moda grossa) e sem absorção gasosa, na ocorrência apenas de espalhamento molecular. A solução é obtida como:

a) Região do almocântara solar, cone formado pela variação do ângulo azimutal na situação em que $-\mu = -\mu_0$, isto é, o ângulo zenital de observação é igual ao ângulo zenital solar. Nesse caso:

$$-\mu_0\frac{dI_\lambda(\tau,-\mu_0,\phi)}{d\tau}=I_\lambda(\tau,-\mu_0,\phi)-\frac{\omega_{0_\lambda}(\tau)}{4\pi}S_\lambda(\tau)p_\lambda(\tau,\cos\Theta_0)$$

Suprimindo os índices para facilitar a resolução e multiplicando todos os termos da equação por $\left(-\frac{1}{\mu_0}e^{\tau/\mu_0}d\tau\right)$:

$$\left(-\mu_0\frac{dI}{d\tau}-I=-\frac{\omega_0}{4\pi}Sp(\cos\Theta_0)\right)\left(-\frac{1}{\mu_0}e^{\tau/\mu_0}d\tau\right)$$

$$dIe^{\tau/\mu_0}+\frac{I}{\mu_0}e^{\tau/\mu_0}d\tau=\frac{\omega_0}{4\pi\mu_0}Sp(\cos\Theta_0)e^{\tau/\mu_0}d\tau$$

$$d\left(Ie^{\tau/\mu_0}\right)=\frac{\omega_0}{4\pi\mu_0}Sp(\cos\Theta_0)e^{\tau/\mu_0}d\tau$$

Integrando-se desde o topo da atmosfera até uma altura caracterizada pela profundidade óptica τ':

$$\int_0^{\tau'}d(Ie^{\tau/\mu_0})=\int_0^{\tau'}\frac{\omega_0}{4\pi\mu_0}Sp(\cos\Theta_0)e^{\tau/\mu_0}d\tau$$

$$Ie^{\tau/\mu_0}\Big|_0^{\tau'}=\frac{1}{4\pi\mu_0}\int_0^{\tau'}Sp(\cos\Theta_0)e^{\tau/\mu_0}\omega_0\,d\tau$$

$$I(\tau') = I(0)e^{-\tau'/\mu_0} + \frac{1}{4\pi\mu_0} e^{-\tau'/\mu_0} \int_0^{\tau'} S p(\cos\Theta_0) e^{\tau/\mu_0} \omega_0 \, d\tau$$

mas, como no topo da atmosfera não há radiância espectral difusa, então $I(0) = 0$. Usando a lei de Beer para S (Eq. 6.37) e reintroduzindo os índices:

$$I_\lambda(\tau', -\mu_0, \phi) = \frac{S_{0\lambda}}{4\pi\mu_0} e^{-\tau'/\mu_0} \int_0^{\tau'} \omega_{0\lambda}(\tau) p_\lambda(\tau, \cos\Theta_0) d\tau$$

E, finalmente, adotando valores médios na coluna para o albedo simples e a função de fase, $\hat{\omega}_{0\lambda}(\lambda)$ e $\hat{p}_\lambda(\cos\Theta_0)$, respectivamente, a solução para a radiância espectral difusa descendente na região do almocântara solar é obtida como:

$$I_\lambda(\tau', -\mu_0, \phi) = \frac{S_{0\lambda}}{4\pi\mu_0} \hat{\omega}_{0\lambda} \hat{p}_\lambda(\cos\Theta_0) e^{-\tau'/\mu_0} \int_0^{\tau'} d\tau$$

$$I_\lambda(\tau', -\mu_0, \phi) = \frac{S_{0\lambda}}{4\pi\mu_0} \hat{\omega}_{0\lambda} \hat{p}_\lambda(\cos\Theta_0) \tau' e^{-\tau'/\mu_0} \qquad \textbf{(6.38)}$$

b) Para $-\mu \neq -\mu_0$, novamente suprimindo os índices:

$$-\mu \frac{dI}{d\tau} = I - \frac{\omega_0}{4\pi} S \hat{p}(\cos\Theta_0)$$

e resolvendo analogamente, obtém-se:

$$I_\lambda(\tau', -\mu, \phi) = \frac{S_{0\lambda}}{4\pi\mu} e^{-\tau'/\mu} \int_0^{\tau'} \omega_{0\lambda}(\tau') e^{-\tau\left(1/\mu_0 - 1/\mu\right)} \hat{p}_\lambda(\tau, \cos\Theta_0) d\tau \qquad \textbf{(6.39)}$$

Exercício 6.2: Obter o resultado da Eq. 6.37 resolvendo a ETR nas condições especificadas nessa seção.

6.7 Propagação de radiação terrestre

Em geral, a radiação emitida pela superfície e pelos constituintes atmosféricos propaga-se ao longo da atmosfera sem sofrer processos de espalhamento, em particular na ausência de nuvens e de partículas de aerossol da moda grossa (raio > ~2 μm). Nessas condições, a solução da ETR é obtida pela integração da equação de Schwarzschild (Eq. 6.13'), para a qual $\Omega = (\pm\mu, \phi)$ e $d\tau = -\beta_\lambda(s)\,\mu\, ds$.

$$\pm\mu\frac{dL_\lambda(\tau,\pm\mu,\phi)}{d\tau} = L_\lambda(\tau,\pm\mu,\phi) - B_\lambda\left[T(\tau)\right]$$

Resolvendo a equação separadamente para radiâncias ascendentes e descendentes:

a) Para a radiância espectral ascendente ($\mu > 0$), omitindo os índices, a equação de transferência resume-se a:

$$\mu\frac{dL}{d\tau} = L - B \Rightarrow \mu\frac{dL}{d\tau} - L = -B$$

Multiplicando ambos os membros por $\left(\frac{1}{\mu}e^{-\tau/\mu}d\tau\right)$ e desenvolvendo:

$$d\left(Le^{-\tau/\mu}\right) = -\frac{1}{\mu}Be^{-\tau/\mu}d\tau$$

que, integrando-se desde a superfície até uma altura caracterizadas pelos valores de profundidade óptica de extinção iguais a τ_s e τ', respectivamente:

$$L(\tau')e^{-\tau'/\mu} - L(\tau_s)e^{-\tau_s/\mu} = -\int_{\tau_s}^{\tau'}\frac{1}{\mu}Be^{-\tau/\mu'}d\tau$$

Portanto, a radiância espectral ascendente é dada por:

$$L_\lambda(\tau',+\mu,\phi) = \underbrace{L_\lambda(\tau_s,+\mu,\phi)\,e^{-(\tau_s-\tau')/\mu}}_{\text{transferência parcial da condição de contorno, que, nesse caso, corresponde à radiância espectral emitida pela superfície}} \; \underbrace{-\frac{1}{\mu}\int_{\tau_s}^{\tau'}B_\lambda\left[T(\tau)\right]e^{-(\tau-\tau')/\mu}d\tau}_{\text{transferência parcial da contribuiç de cada camada desde a superfície até a altitude de interesse}} \quad \textbf{(6.40)}$$

b) Analogamente, para a radiância espectral descendente ($\mu < 0$), tem-se:

$$-\mu\frac{dL_\lambda(\tau,-\mu,\phi)}{d\tau} = L_\lambda(\tau,-\mu,\phi) - B_\lambda\left[T(\tau)\right]$$

Multiplicando por $\left(-\frac{e^{\tau/\mu}}{\mu}d\tau\right)$ e desenvolvendo:

$$d\left[L_\lambda(\tau)e^{\tau/\mu}\right] = \frac{1}{\mu}B_\lambda e^{\tau/\mu}d\tau$$

e, finalmente, integrando-se desde o topo da atmosfera até um nível de altura com profundidade óptica igual a τ' e sabendo que no topo a radiância espectral descendente é nula:

$$L_\lambda(\tau',-\mu,\phi)=\frac{1}{\mu}\int_0^{\tau'} B_\lambda\left[T(\tau)\right]e^{-(\tau'-\tau)/\mu}\,d\tau \qquad \textbf{(6.41)}$$

Exercício 6.3: Radiância espectral igual a 1,499 W m^{-2} sr^{-1} μm^{-1} foi medida com um fotômetro solar no instante em que o ângulo zenital solar valia 30°. A radiância espectral incidente no topo da atmosfera no mesmo comprimento de onda era igual a 2,000 W m^{-2} sr^{-1} μm^{-1}. Com base nessas informações, determinar a profundidade óptica da atmosfera no instante da medição.

Exercício 6.4: Determinar o valor da função de fase do espalhamento Rayleigh para as seguintes geometrias e classificar o espalhamento em frontal ou traseiro de acordo com o valor do ângulo de espalhamento resultante:

a) $\Omega_{inc} = (\theta_{inc} = 30°,\ \phi_{inc} = 10°),\ \Omega_{em} = (\theta_{em} = 30°,\ \phi_{em} = 190°)$;
b) $\Omega_{inc} = (\theta_{inc} = 30°,\ \phi_{inc} = 10°),\ \Omega_{em} = (\theta_{em} = 60°,\ \phi_{em} = 10°)$;
c) $\Omega_{inc} = (\theta_{inc} = 30°,\ \phi_{inc} = 10°),\ \Omega_{em} = (\theta_{em} = 120°,\ \phi_{em} = 10°)$.

Exercício 6.5: Determinar o valor da função de fase para o aerossol com parâmetro de assimetria igual a 0,6 com base na aproximação de Henyey e Greenstein (1941) e as mesmas geometrias do exercício anterior.

Exercício 6.6: Determinar a radiância espectral difusa ascendente no topo da atmosfera associada ao espalhamento molecular da radiação solar no espalhamento traseiro, isto é, para $\Omega' = \left(+\mu_0,\ \phi_0 + 180°\right)$ se $\Omega_0 = \left(-\mu_0, \phi_0\right)$. Supor que a superfície absorve toda a radiação incidente nesse comprimento de onda e que o espalhamento múltiplo é desprezível.

Balanços radiativos 7

Diz-se que o balanço radiativo de um sistema está em equilíbrio quando o seu saldo de radiação é nulo, isto é:

$$q^* = E_{C_{inc}} - E_{C_{eme}} + E_{L_{inc}} - E_{L_{eme}} = E_C^* + E_L^* = 0 \quad \textbf{(7.1)}$$

em que q^* é o saldo total de radiação, e E_C^* e E_L^*, os saldos parciais de onda curta (radiação solar) e onda longa (radiação terrestre), respectivamente, e o subscrito *inc* refere-se ao componente que incide no sistema, e *eme*, ao componente emergente.

No caso da Terra, não é possível admitir que, local e instantaneamente, o sistema se encontre em equilíbrio radiativo. Porém, considerando o planeta como um todo e em períodos de alguns anos, pode-se estabelecer um modelo simplificado que auxilie na compreensão do conceito de equilíbrio radiativo, dos parâmetros envolvidos e das consequências das alterações em tais parâmetros. Vale lembrar que, na realidade, o balanço ou equilíbrio energético do planeta requer troca de energia em suas várias formas, e não apenas na forma de radiação eletromagnética. Por exemplo, uma parcela significativa da energia radiativa acumulada nas regiões tropicais é transferida para as regiões polares com o movimento das massas de ar, isto é, na forma de energia cinética, resultante dos gradientes de temperatura entre o equador e os polos. Essa é a origem da circulação conhecida como célula de Hadley (Liou, 2002). Em escala reduzida ou microescala, pode-se também verificar a não ocorrência do balanço radiativo. É nessa situação que a energia radiativa absorvida pela superfície, por exemplo, pode ser convertida em calor latente e calor sensível, ou seja, fornecendo a energia para a ocorrência da evapotranspiração e da fotossíntese e para gerar os movimentos convectivos.

7.1 Equilíbrio radiativo do planeta

Considerando apenas a energia na forma de radiação eletromagnética e relembrando também a definição de equilíbrio termodinâmico, no qual os valores de T (temperatura) e p (pressão) devem ser constantes (uniformes) e o sistema deve estar em equilíbrio químico e radiativo. Para tanto, tem-se:

$$Q_{abs} = Q_{emit} \rightarrow \int_0^\infty Q_{abs}(\lambda)d\lambda = \int_0^\infty Q_{emit}(\lambda)d\lambda \quad (7.2)$$

Isto é, toda radiação absorvida em uma determinada região espectral é reemitida pelo sistema em outra região espectral, de acordo com sua temperatura (*vide* lei de Wien, na seção 2.3). Por exemplo, o sistema Terra-atmosfera absorve radiação solar emitida por uma fonte cuja temperatura é da ordem de 5.800 K e, portanto, cujo pico de emissão se encontra próximo a 0,5 µm. Por outro lado, o sistema Terra-atmosfera, cuja temperatura é da ordem de 270 K a 300 K, emite radiação terrestre, cujo pico de emissão se encontra em torno de 10 µm.

7.1.1 Temperatura de equilíbrio radiativo em um planeta sem atmosfera

Nesta seção é introduzido o desenvolvimento matemático para o cálculo da temperatura de equilíbrio radiativo (TER) de um planeta. Entende-se como TER a temperatura média anual e sobre toda a superfície do planeta. É importante ressaltar que os modelos propostos nesta seção representam aproximações muito simplificadas da realidade e têm o objetivo apenas de mostrar como a atmosfera possui um papel fundamental no balanço radiativo do planeta, como é o caso da Terra, por exemplo (os cálculos exatos envolvem a resolução da equação de transferência radiativa, abordada no capítulo anterior). Sendo assim, o desenvolvimento parte da hipótese de um planeta hipotético de raio R, sem atmosfera, que intercepta a radiação solar que incide sobre a área equivalente de um círculo de raio R, ao passo que emite radiação, de maneira isotrópica à sua temperatura, de acordo com a área de uma esfera também de raio R, conforme ilustrado na Fig. 7.1.

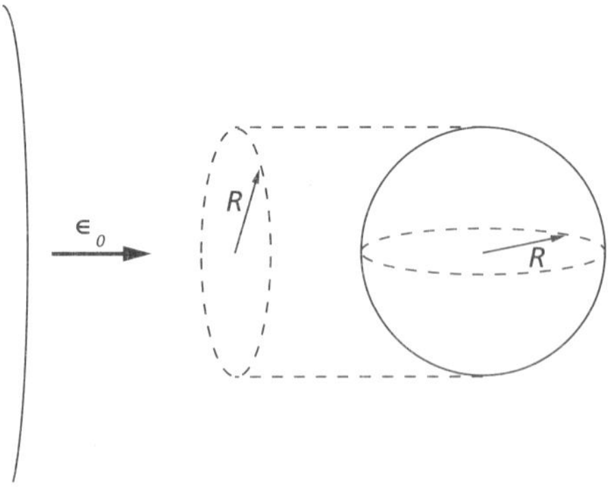

Fig. 7.1 *Área efetiva de interceptação de radiação solar e de emissão de radiação térmica por um planeta de raio* R *(escalas arbitrárias)*

Supondo que o planeta não possua atmosfera, que sua superfície apresente albedo médio global igual a r_s e que incida sobre ele irradiância solar média anual igual a E_0, seu equilíbrio radiativo será alcançado se a potência absorvida for igual à potência emitida na forma de radiação:

$$E_0(1-r_s)\pi R^2 = \sigma T_s^{\,4} 4\pi R^2 \tag{7.3}$$

e, portanto, a temperatura do planeta, no equilíbrio radiativo, é obtida por:

$$T_s \cong \left[\frac{(1-r_s)\,\epsilon_0}{4\sigma}\right]^{1/4} \tag{7.4}$$

Nessa configuração, se o planeta estiver a uma distância astronômica do Sol, ou seja, se $d = \bar{d}$, a irradiância solar total incidente sobre ele será igual à irradiância solar total: E_0 = 1.367 W m^{-2}. Considerando o albedo médio da superfície terrestre da ordem de 0,3 e substituindo esses valores na Eq. 7.3, a superfície da Terra apresentaria uma temperatura média no equilíbrio radiativo da ordem de 255 K (aproximadamente –18 °C) caso não houvesse uma atmosfera. Se o albedo da superfície do planeta fosse unitário, isto é, refletisse toda a radiação incidente, T_s seria igual a 0 K. Por outro lado, se fosse nulo, a temperatura de equilíbrio radiativo do planeta seria da ordem de 279 K. Dessa forma, sem uma atmosfera, mesmo que toda a radiação incidente fosse absorvida pela superfície do planeta, a sua temperatura de equilíbrio radiativo seria menor do que a observada na realidade para o planeta Terra.

7.1.2 Temperatura de equilíbrio radiativo em um planeta com atmosfera

Como foi visto na seção anterior, sem uma atmosfera, a superfície da Terra seria muito mais fria, mesmo que pudesse absorver toda a radiação solar que incidisse sobre ela. O próximo modelo a ser analisado considera a existência de uma atmosfera constituída por uma única camada homogênea e isotérmica que seja capaz de interagir com a radiação eletromagnética. Também se deve levar em conta que a espessura geométrica dessa atmosfera é muitas vezes inferior ao raio do planeta e, portanto, permite a consideração de aproximação para uma atmosfera plano-paralela. A interação da atmosfera é significativa com a radiação do espectro terrestre (ou de onda longa, ROL) já no espectro solar (ou de onda curta, ROC), essa atmosfera absorve uma fração da radiação incidente, mas não promove espalhamento. A Fig. 7.2 ilustra as características desse sistema.

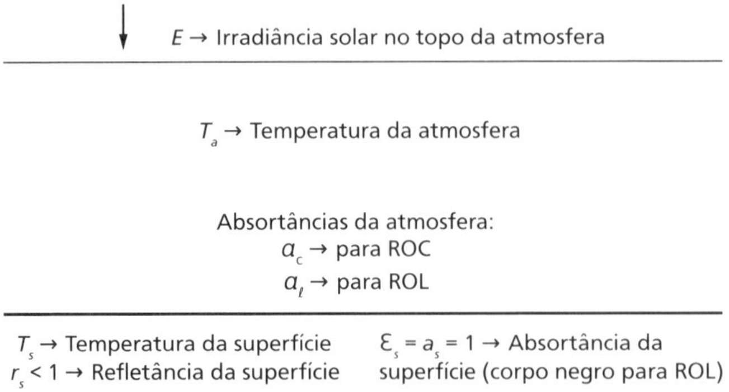

Fig. 7.2 *Modelo simplificado de um planeta constituído por uma atmosfera homogênea e isotérmica capaz de absorver radiação eletromagnética sem promover espalhamento. A superfície do planeta atua como um corpo negro na região espectral de onda longa e, no topo da atmosfera, incide irradiância solar igual a* E

Com as propriedades apresentadas nessa figura, é possível estimar diferentes grandezas nos espectros solar e terrestre, conforme mostra a Fig. 7.3.

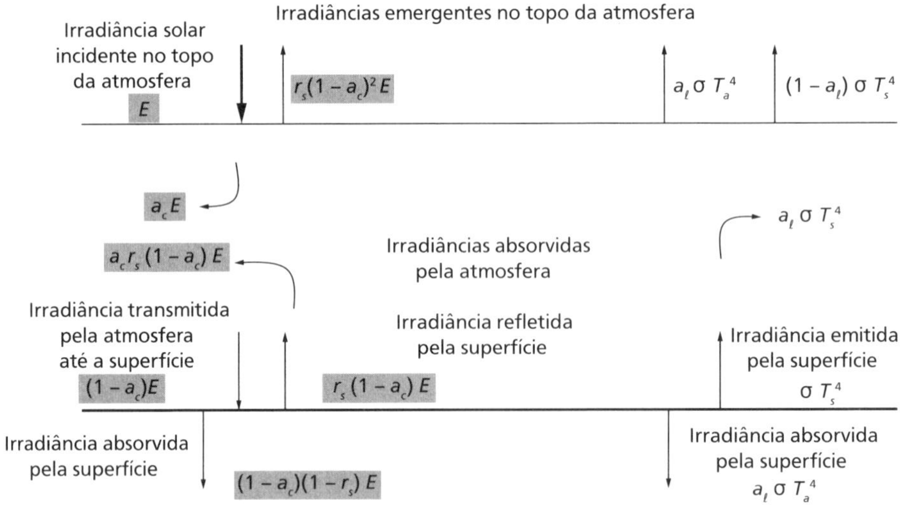

Fig. 7.3 *Grandezas relacionadas aos espectros solar (com destaque) e terrestre (sem destaque) em função do modelo simplificado de um planeta constituído por uma atmosfera homogênea e isotérmica capaz de absorver radiação eletromagnética sem promover espalhamento*

Dessa forma, para que o sistema se encontre em equilíbrio radiativo (Eq. 7.1), é necessário satisfazer o seguinte sistema de equações:

a) Para a superfície: $(1-a_c)(1-r_s)E + a_\ell \sigma T_a^4 = \sigma T_s^4$ **(7.5)**

b) Para a atmosfera: $a_c E + r_s(1-a_c)a_c E + a_\ell \sigma T_s^4 = 2a_\ell \sigma T_a^4$ **(7.6)**

c) Para o planeta (topo): $r_s(1-a_c)^2 E + (1-a_\ell)\sigma T_s^4 + a_\ell \sigma T_a^4 = E$ **(7.7)**

Mudando as variáveis $x = \sigma T_s^4$ e $y = \sigma T_a^4$ e substituindo nas Eqs. 7.5 e 7.6, têm-se:

$$E(1-r_s)(1-a_c) + a_\ell y = x \qquad \textbf{(7.5')}$$

$$a_c E\left[1 + r_s(1-a_c)\right] + a_\ell x = 2a_\ell y \qquad \textbf{(7.6')}$$

Rearranjando a Eq. 7.5':

$$E(1-r_s)(1-a_c) - x = -a_\ell y$$

Multiplicando por 2 e somando à Eq. 7.6':

$$a_c E\left[1 + r_s(1-a_c)\right] + 2(1-a_c)(1-r_s)E + (a_\ell - 2)x = 0$$

$$x = \frac{\left\{a_c\left[1 + (1-a_c)r_s\right] + 2(1-a_c)(1-r_s)\right\}E}{2-a_\ell} = \sigma T_s^4 \qquad \textbf{(7.8)}$$

Substituindo x da Eq. 7.8 na Eq. 7.5':

$$(1-a_c)(1-r_s)E + a_\ell y = \frac{\left\{a_c\left[1 + (1-a_c)r_s\right] + 2(1-a_c)(1-r_s)\right\}E}{2-a_\ell}$$

$$y = \frac{\left\{a_c\left[1 + (1-a_c)r_s\right] + (1-a_c)(1-r_s)a_\ell\right\}E}{a_\ell(2-a_\ell)} = \sigma T_a^4 \qquad \textbf{(7.9)}$$

em que E é o fluxo solar radiante médio recebido pela Terra. Como se trata de uma função da irradiância solar, depende do valor da irradiância solar total (E_0) e da distância relativa entre a Terra e o Sol $\left(\frac{\bar{d}}{d}\right)$. Assim, tem-se que:

$$E = \left(\frac{\bar{d}}{d}\right)^2 E_0 \frac{\pi R^2}{4\pi R^2} = \frac{E_0}{4}\left(\frac{\bar{d}}{d}\right)^2$$

É importante notar que E representa o quociente entre a irradiância solar total recebida sobre a seção transversal do planeta esférico, isto é, a superfície de um disco, cuja face está exposta ao Sol, e a área total da esfera terrestre, ou seja, a superfície sobre a qual toda a radiação solar interceptada deve ser uniformemente distribuída. Portanto, T_S e T_a podem ser escritas em função de E_0:

$$T_S = \left\{ \frac{\{a_c[1+(1-a_c)r_s]+2(1-a_c)(1-r_s)\}}{2-a_\ell} \left(\frac{\bar{d}}{d}\right)^2 \frac{E_0}{4\sigma} \right\}^{1/4} \quad \textbf{(7.10)}$$

$$T_a = \left\{ \frac{\{a_c[1+(1-a_c)r_s]+a_\ell(1-a_c)(1-r_s)\}}{a_\ell(2-a_\ell)} \left(\frac{\bar{d}}{d}\right)^2 \frac{E_0}{4\sigma} \right\}^{1/4} \quad \textbf{(7.11)}$$

De posse desses resultados, o próximo passo consiste em avaliar situações particulares:

1) Planeta sem atmosfera:

$$T_a = 0$$

$$T_S = \left\{ (1-r_s) \left(\frac{\bar{d}}{d}\right)^2 \frac{E_0}{4\sigma} \right\}^{1/4} \quad \textbf{(7.12)}$$

2) Planeta com atmosfera ($a_c \neq 0; a_\ell \neq 0$), mas com refletância nula ($r_s = 0$):

$$T_a = \left\{ \frac{[a_c + a_\ell(1-a_c)]}{a_\ell(2-a_\ell)} \left(\frac{\bar{d}}{d}\right)^2 \frac{E_0}{4\sigma} \right\}^{1/4} \quad \textbf{(7.13)}$$

$$T_S = \left\{ \frac{[a_c + 2(1-a_c)]}{2-a_\ell} \left(\frac{\bar{d}}{d}\right)^2 \frac{E_0}{4\sigma} \right\}^{1/4} = \left\{ \frac{2-a_c}{2-a_\ell} \left(\frac{\bar{d}}{d}\right)^2 \frac{E_0}{4\sigma} \right\}^{1/4} \quad \textbf{(7.14)}$$

Os resultados para a temperatura da superfície dependem das possíveis relações entre a_c e a_ℓ:

Para $a_c = a_\ell \;\Rightarrow\; T_S = T_a = \left\{ \left(\frac{\bar{d}}{d}\right)^2 \frac{E_0}{4\sigma} \right\}^{1/4}$ **(7.15)** → Planeta isotérmico e sem atmosfera, mas com refletância de superfície nula (planeta "negro").

Para $a_c > a_\ell \;\Rightarrow\; \frac{2-a_c}{2-a_\ell} < 1$ → Temperaturas inferiores à do planeta "negro" com atmosfera "cinza" (resultado da Eq. 7.15).

Para $a_c < a_\ell \;\Rightarrow\; \frac{2-a_c}{2-a_\ell} > 1$ → Temperaturas superiores à do planeta "negro" com atmosfera "cinza" (resultado da Eq. 7.15).

3) Terra atual ($r_s \sim 0{,}3$), mas sem nuvens ($a_c \sim 0{,}2$; $a_\ell \sim 0{,}8$):

$$T_a \cong \left\{ \frac{\{a_c[1+(1-a_c)r_s]+a_\ell(1-a_c)(1-r_s)\}}{a_\ell(2-a_\ell)} \left(\frac{\bar{d}}{d}\right)^2 \frac{E_0}{4\sigma} \right\}^{1/4} \cong 257 \text{ K}$$

$$T_s \cong \left\{ \frac{\{a_c[1+(1-a_c)r_s]+2(1-a_c)(1-r_s)\}}{2-a_\ell} \left(\frac{\bar{d}}{d}\right)^2 \frac{E_0}{4\sigma} \right\}^{1/4} \cong 288 \text{ K}$$

4) Terra atual com nuvens ($a_c \sim 0{,}7$; $a_\ell \sim 1{,}0$):

$$\left.\begin{matrix} T_a \cong 277 \text{ K} \\ T_s \cong 291 \text{ K} \end{matrix}\right\} \textit{Efeito estufa}$$

Exercício 7.1: Variar o valor da refletância de superfície em ±10% do valor atualmente aceito para a Terra e avaliar o efeito de tal alteração sobre as temperaturas da atmosfera e da superfície.

Exercício 7.2: Estimar as temperaturas de equilíbrio para um planeta hipotético cuja atmosfera absorva toda radiação de onda curta, mas não absorva radiação de onda longa.

Exercício 7.3: Estimar as temperaturas de equilíbrio para um planeta hipotético cuja atmosfera absorva toda radiação de onda longa, mas não absorva radiação de onda curta.

A presença de nuvens altera a absortância da atmosfera, aumentando o seu valor médio tanto no espectro de onda curta quanto em onda longa. Dessa forma, uma quantidade maior de radiação é transformada em energia interna, resultando em um maior aquecimento radiativo da atmosfera e da superfície na presença de nuvens. As distintas propriedades radiativas de um planeta e principalmente de sua atmosfera, analisadas nos modelos simplificados, mostram que a temperatura da superfície de tal planeta e, consequentemente, seu clima são fortemente influenciados pelos denominados gases do efeito estufa. No modelo 3, que se aplica às condições atuais da Terra, a absortância da atmosfera é baixa na região espectral de onda curta, indicando uma atmosfera praticamente transparente para a radiação solar. Por outro lado, a absortância em onda longa é alta, o que torna a atmosfera praticamente opaca para a radiação terrestre, com exceção da região espectral da janela atmosférica (situada entre 8 μm e 12 μm). Como consequência, a superfície terrestre é aquecida pela radiação solar e a perda radiativa é minimizada pela atuação dos gases estufa presentes na atmosfera. Como discutido no Cap. 5, no caso da Terra, os principais gases do efeito estufa são o vapor d'água, o dióxido de carbono e o metano. Daí a importância em monitorar alterações nas concentrações desses gases na atmosfera, visto que o clima atual da Terra pode ser modificado de acordo com tais variações, como ficou exemplificado com o modelo 4, em que o aumento da absortância da atmosfera foi simulado com a presença de nebulosidade. Analisando as características físicas de alguns dos planetas do sistema solar, a importância da composição química da atmosfera fica ainda mais evidente. A Tab. 7.1 apresenta algumas características físicas e químicas da Terra e de seus planetas vizinhos Vênus e Marte.

Tab. 7.1 Características físicas e químicas de Vênus, Terra e Marte

Característica	**Vênus**	**Terra**	**Marte**
Massa da atmosfera (razão com relação à atmosfera terrestre)	100	1	0,06
Distância ao Sol (× 10^6 km)	108	150	228
Irradiância solar total (W m^{-2})	2.610	1.367	590
Albedo planetário (%)	75	30	15
Cobertura de nuvens (%)	100	50	Variável
Temperatura da superfície (K) (sem atmosfera)	234	255	217
Temperatura da superfície (K)	700	288	220
Aquecimento devido ao efeito estufa (K)	466	33	3
N_2 (%)	< 2	78	< 2,5
O_2 (%)	< 1 ppmv	21	< 0,25
CO_2 (%)	> 98	0,035	> 96
H_2O (intervalo %)	10^{-4} a 0,3	3 × 10^{-4} a 4	< 0,001
SO_2	150 ppmv	< 1 ppbv*	Zero
Composição química das nuvens	H_2SO_4	H_2O	Poeira, H_2O, CO_2

* 1 ppb = 1 ppbv = uma parte por bilhão por volume.

Fonte: adaptado de Graedel e Crutzen (1993).

De acordo com essa tabela, a distância de cada planeta ao Sol varia por um fator aproximado de 1,5. Isto é, Vênus está a aproximadamente 100 milhões de quilômetros do Sol, seguido da Terra, cuja distância é da ordem de 1,5 vez maior, e Marte, também a aproximadamente 1,5 vez mais distante do Sol que a Terra. Como consequência, a irradiância solar total varia de um fator 2 para cada planeta. Com base nessa análise simplificada, seria esperado que a superfície em Vênus apresentasse a maior temperatura, seguida da superfície da Terra, e Marte fosse o planeta a apresentar a menor temperatura de superfície, caso os demais parâmetros fossem iguais nos três planetas. Como o albedo planetário é significativamente diferente em cada planeta, as temperaturas de equilíbrio radiativo (sem atmosfera) seriam iguais a 234 K para Vênus, 255 K para a Terra e 217 K para Marte, isto é, a Terra seria o planeta mais quente. Entretanto, devido às suas atmosferas, as temperaturas médias reais das superfícies desses planetas são iguais a 700 K em Vênus, 288 K na Terra e 220 K em Marte. Tais resultados indicam que Vênus possui um significativo efeito estufa, Marte praticamente não é influenciado e a Terra é moderadamente afetada. Analisando suas atmosferas, observa-se que a atmosfera de Vênus possui massa cem vezes maior que a da Terra e que sua constituição química é basicamente de gases do efeito estufa, CO_2, H_2O e SO_2. Embora em Marte a concentração de CO_2 seja muito maior que na Terra, sua atmosfera apresenta muito menos vapor d'água. Essa composição, aliada à menor irradiância solar recebida, explica a baixa temperatura de sua superfície. Essa análise comparativa mostra a importância da composição química da atmosfera no balanço de radiação dos planetas e que alterações nessa composição podem produzir efeitos climáticos significativos.

7.1.3 Atmosfera com absorção e espalhamento

Para aproximar um pouco mais os modelos discutidos às condições reais observadas na Terra, é preciso considerar que a atmosfera também possa promover espalhamento de radiação solar, de forma que parte da radiação incidente seja refletida de volta ao espaço. Por simplicidade, a atmosfera continua isotérmica e homogênea, com as mesmas características apresentadas na Fig. 7.1, exceto para a refletância de onda curta (r_c), que, nesse caso, não é nula ($r_c > 0$).

A Fig. 7.4 mostra o esquema dos componentes do balanço de radiação de onda curta e onda longa do caso em questão.

Com base nesse modelo, deve-se satisfazer o sistema de equações para superfície, atmosfera e planeta, a fim de obter o balanço de radiação no equilíbrio radiativo:

a) Para a superfície:

$$(1-r_s)(1-a_c-r_c)E(1+r_c r_s)+\ldots+a_l\sigma T_A^4=\sigma T_S^4 \tag{7.16}$$

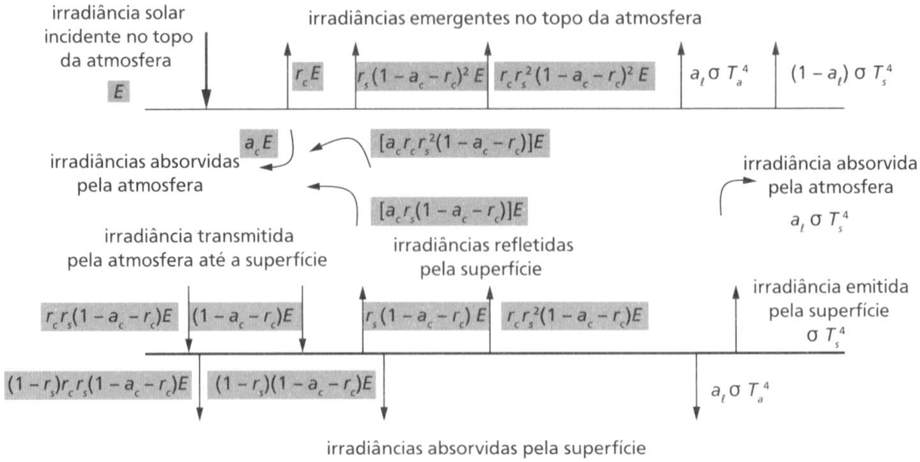

Fig. 7.4 *Esquema representativo dos fluxos de radiação no sistema Terra-atmosfera, considerando um modelo simplificado no qual a atmosfera é constituída por uma única camada com temperatura constante* T_A. *Em relação à radiação solar, essa camada é capaz de absorver e refletir parte da radiação incidente, enquanto a superfície também reflete parte da radiação incidente sobre ela, apresentando albedo igual a* r_S. *No que se refere à radiação terrestre, a camada atmosférica absorve parte da radiação terrestre incidente, enquanto a superfície é considerada um corpo negro com temperatura* T_S

É importante observar que, na realidade, existem ordens superiores em r_c e r_s que também contribuem para o saldo de radiação à superfície, devido aos efeitos de espalhamento múltiplo entre a atmosfera e a superfície (representados pelas reticências na Eq. 7.16). Porém, como tanto r_c quanto r_s são menores que a unidade, tais termos tendem a zero rapidamente, podendo ser desprezados nesse modelo simplificado.

a) Para a atmosfera:

$$a_c E + a_c r_s E(1 - a_c - r_c) + a_c r_c r_s^2 (1 - a_c - r_c)E + \ldots + a_\ell \sigma T_S^4 = 2a_\ell \sigma T_A^4 \tag{7.17}$$

De modo análogo ao realizado no modelo precedente, efetuando as mudanças de variáveis e desenvolvendo $x = \sigma T_S^4$ e $y = \sigma T_A^4$, obtêm-se:

$$x = \left\{ \frac{a_c + \left[a_c r_s + 2(1 - r_s) \right](1 - a_c - r_c)(1 + r_c r_s)}{2 - a_\ell} \right\} E \tag{7.18}$$

$$y = \left\{ \frac{a_c + \left[a_\ell(1 - r_s) + a_c r_s \right](1 - a_c - r_c)(1 + r_c r_s)}{a_\ell(2 - a_\ell)} \right\} E \tag{7.19}$$

Para $r_c = 0$:

$$x = \left\{ \frac{a_c + \left[a_c r_s + 2(1 - r_s) \right](1 - a_c)}{2 - a_\ell} \right\}$$

$$y = \left\{ \frac{a_c + \left[a_\ell (1 - r_s) + a_c r_s \right](1 - a_c)}{a_\ell (2 - a_\ell)} \right\} E$$

Recuperando-se as temperaturas de equilíbrio radiativo para a superfície e a atmosfera representadas pelas Eqs. 7.10 e 7.11.

7.2 Taxa de aquecimento/resfriamento radiativo

Nas seções anteriores, foram analisadas as condições necessárias para determinar a temperatura de equilíbrio radiativo do planeta. É óbvio que, local e instantaneamente, há variação na quantidade de radiação solar incidente e nas temperaturas tanto da superfície quanto das diversas camadas da atmosfera, entre outros. Assim, nesta seção, serão discutidas as consequências para um sistema quando ele não se encontra no equilíbrio radiativo.

Do ponto de vista da Meteorologia, a atmosfera é caracterizada pela velocidade, temperatura e pressão das massas ou camadas de ar que a compõem. A temperatura e a pressão automaticamente definem a densidade via equação de estado. Esses cinco parâmetros básicos (os três componentes da velocidade, a temperatura e a pressão) são governados pelas denominadas equações primitivas, isto é, as equações diferenciais cinemáticas de movimento, para cada componente da velocidade, a equação de continuidade e a equação termodinâmica de estado. Os estudos que envolvem a dinâmica da atmosfera consistem na integração dessas equações no espaço e no tempo. A radiação é incorporada às equações matemáticas via equação da termodinâmica:

$$dq = dU + dW \tag{7.20}$$

em que dq é o calor trocado com o universo, dU, a variação de energia interna, e dW, o trabalho realizado. No caso da atmosfera, variações de energia interna implicam basicamente variações de temperatura, e o trabalho realizado é praticamente nulo. Portanto, se a absorção de radiação for maior do que a emissão no volume de matéria, tem-se aquecimento do volume ($dq > 0 \rightarrow dU > 0$). No caso inverso, ou seja, quando a absorção for menor do que a emissão de radiação, ocorre resfriamento do volume de matéria ($dq < 0 \rightarrow dU < 0$). Isso significa que, se existir convergência de radiação, haverá um aquecimento do sistema. Caso contrário, ocorrendo divergência de radiação, o resultado final será de resfriamento.

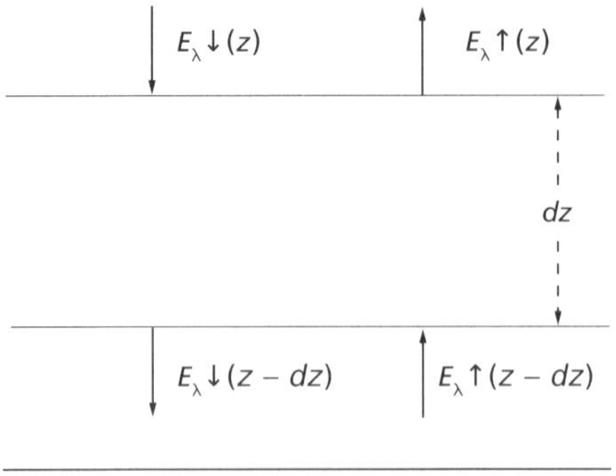

Fig. 7.5 *Ilustração esquemática de irradiâncias espectrais incidentes e emergentes de uma camada da atmosfera de espessura* dz

A Fig. 7.5 mostra uma camada da atmosfera com espessura geométrica dz, sobre a qual incidem as irradiâncias espectrais $E_\lambda \downarrow (z)$ (descendente no topo da camada) e $E_\lambda \uparrow (z-dz)$ (ascendente na base). Além disso, essa camada emite irradiância $E_\lambda \uparrow (z)$ no topo e $E_\lambda \downarrow (z-dz)$ na base. Tais irradiâncias são calculadas de acordo com a Eq. 1.12.

Havendo interação entre a radiação descendente de comprimento de onda λ e a composição da camada, podem ocorrer:

a) $E_\lambda \downarrow (z) = E_\lambda \downarrow (z-dz)$. Isto é, absorção = emissão

b) $E_\lambda \downarrow (z) \neq E_\lambda \downarrow (z-dz)$

Obviamente, as duas condições, a) e b), são possíveis também para $E_\lambda \uparrow$.

Os saldos de radiação descendente e ascendente são dados, respectivamente, por:

$$dE_\lambda \downarrow = E_\lambda \downarrow (z) - E_\lambda \downarrow (z-dz)$$

$$dE_\lambda \uparrow = E_\lambda \uparrow (z-dz) - E_\lambda \uparrow (z)$$

$$Para \begin{cases} dE_\lambda \uparrow\downarrow \; > 0 \;\rightarrow\; \text{absorção > emissão} \;\rightarrow\; \text{aquecimento da camada} \\ \\ dE_\lambda \uparrow\downarrow \; < 0 \;\rightarrow\; \text{absorção < emissão} \;\rightarrow\; \text{resfriamento da camada} \end{cases}$$

Sinais opostos implicam configurações mais complexas.

No caso da radiação solar, a absorção pela atmosfera é muito maior que a emissão. Então, a variação $dL_\lambda \uparrow\downarrow$ é positiva, o que implica aquecimento da camada. No caso da radiação terrestre, pode ocorrer tanto absorção quanto emissão de radiação, portanto $dL_\lambda > 0$ e/ou $dL_\lambda < 0$, dependendo da distribuição de temperaturas e das propriedades ópticas da atmosfera.

Considere-se agora uma camada da atmosfera com temperatura T delimitada superiormente por uma camada com temperatura T_{sup} e inferiormente por uma camada com temperatura T_{inf}, de acordo com a Fig. 7.6.

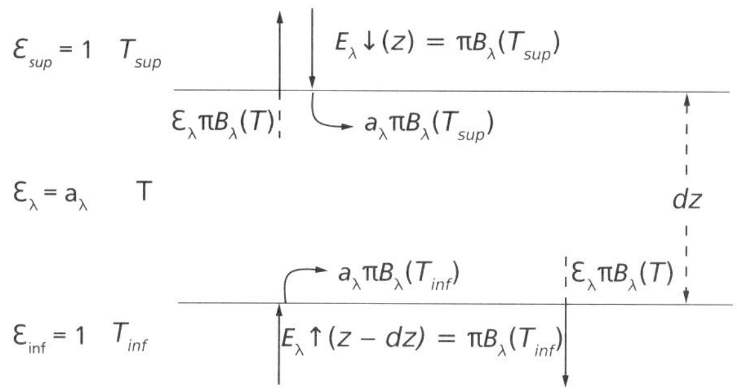

Fig. 7.6 *Irradiâncias espectrais incidentes e emergentes em uma camada atmosférica de espessura* dz *e temperatura* T

Dessa figura, para simplificar a análise do problema, tem-se que as camadas superior e inferior atuam como corpos negros ($\varepsilon = 1$) e, por isso, emitem irradiância espectral de forma isotrópica, dependente apenas de suas respectivas temperaturas. A camada de interesse apresenta absortância espectral $a(\lambda)$ e temperatura T. Para essa camada, os saldos de radiação valem:

$$\begin{aligned} dE_\lambda \downarrow &= E_\lambda \downarrow (z) - E_\lambda \downarrow (z - dz) \\ &= \pi B_\lambda(T_{sup}) - \varepsilon_\lambda \pi B_\lambda(T) - [1 - a_\lambda]\pi B_\lambda(T_{sup}) \\ &= \varepsilon_\lambda \pi[B_\lambda(T_{sup}) - B_\lambda(T)] \end{aligned} \tag{7.21}$$

$$\begin{aligned} dE_\lambda \uparrow &= E_\lambda \uparrow (z) - E_\lambda \uparrow (z - dz) \\ &= \pi B_\lambda(T_{inf}) - \varepsilon_\lambda \pi B_\lambda(T) - [1 - a_\lambda]\pi B_\lambda(T_{inf}) \\ &= \varepsilon_\lambda \pi[B_\lambda(T_{inf}) - B_\lambda(T)] \end{aligned} \tag{7.22}$$

Exercício 7.4: Justificar as Eqs. 7.21 e 7.22 com base nas leis e conceitos abordados nos capítulos anteriores.

Portanto, as variações $dE_\lambda \uparrow$ e $dE_\lambda \downarrow$ indicam irradiâncias espectrais (ou quantidades de energia por unidades de área, de tempo e de comprimento de onda) que são adicionadas ou subtraídas da quantidade de energia interna armazenada na camada. Tais variações são diretamente proporcionais a ε_λ e às diferenças entre as funções de Planck associadas às temperaturas da camada (T) e externas (T_{sup} e T_{inf}).

O saldo total do balanço de energia para uma camada qualquer com espessura dz, considerando apenas radiação de comprimento de onda λ, pode ser escrito como:

$$\begin{aligned} dE_\lambda &= dE_\lambda \uparrow + dE_\lambda \downarrow \\ &= [E_\lambda \uparrow (z - dz) - E_\lambda \uparrow (z)] + [E_\lambda \downarrow (z) - E_\lambda \downarrow (z - dz)] \end{aligned}$$

Caso a irradiância emergente seja maior do que a incidente, há resfriamento da camada. Do contrário, a camada da atmosfera sofre aquecimento devido ao acúmulo de energia. Dessas relações, define-se divergência de irradiância espectral a quantidade:

$$\frac{dE_\lambda}{dz}, \quad \text{em que } dE_\lambda = dE_\lambda \downarrow + \, dE_\lambda \uparrow \tag{7.23}$$

A definição formal do divergente de uma função F qualquer é dada por $\vec{\nabla} \cdot \vec{F} = \frac{\partial F_x}{\partial x} + \frac{\partial F_y}{\partial y} + \frac{\partial F_z}{\partial z}$. Como a hipótese inicial é de que não há variações horizontais significativas de irradiância, isto é, elas são desprezíveis quando comparadas às variações verticais, então a Eq. 7.23 torna-se uma boa aproximação para o divergente da irradiância.

Como deduzido no Cap. 1, a irradiância é obtida da energia radiativa (Eq. 1.8):

$$\begin{aligned}\frac{dE_\lambda}{dz} &= \frac{dU}{dt\, dA\, d\lambda\, dz} \times \left(\frac{dT}{dT} \, \frac{dm}{dm} \right) \\ &= \frac{dm}{dA\, dz} \, \frac{dU}{dT\, dm} \, \frac{dT}{dt} \, \frac{1}{d\lambda}\end{aligned}$$

Desenvolvendo a igualdade, é possível obter a taxa de aquecimento/resfriamento radiativo, dada por:

$$\frac{dT}{dt} = \frac{1}{\rho\, C_p} \, \frac{dE_\lambda(z)}{dz} d\lambda \tag{7.24}$$

em que $\rho = \frac{dm}{dA\, dz}$ é a densidade do ar na camada, e $C_p = \frac{dU}{dT\, dm}$, o calor específico à pressão constante e que vale 1.004 J K^{-1} kg^{-1}.

- Se $dE_\lambda < 0 \;\rightarrow\;$ resfriamento $\;\rightarrow\therefore\; \frac{dT}{dt} < 0$

- Se $dE_\lambda > 0 \;\rightarrow\;$ aquecimento $\;\rightarrow\therefore\; \frac{dT}{dt} > 0$

A taxa de aquecimento/resfriamento radiativo associada a uma região espectral $\Delta\lambda$ é obtida somando as contribuições $\frac{dT}{dt}(\Delta\lambda)$ correspondentes a cada sub-região $\Delta\lambda_i$:

$$\frac{dT}{dt}(\Delta\lambda) = \sum_i \frac{dT}{dt}(\Delta\lambda_i)$$

Ou, de maneira mais rigorosa,

$$\frac{dT}{dt}(\Delta\lambda) = \int_{\Delta\lambda} \frac{1}{\rho C_p} \frac{dE_\lambda}{dz} d\lambda \tag{7.25}$$

E a taxa de aquecimento/resfriamento radiativo total é determinada integrando-se sobre todo o espectro eletromagnético:

$$\left(\frac{dT}{dt}\right)_{\substack{rad.\\total}} = \int_0^\infty \frac{1}{\rho C_p} \frac{dE_\lambda}{dz} d\lambda = \frac{1}{\rho C_p} \frac{dE}{dz} \tag{7.26}$$

Para uma atmosfera em equilíbrio hidrostático:

$$\left(\frac{dT}{dt}\right)_{\substack{rad.\\total}} = -\frac{g}{C_p} \frac{dE}{dp} \tag{7.27}$$

Ou seja, as Eqs. 7.26 e 7.27 definem o potencial da radiação eletromagnética em aquecer ou resfriar a camada da atmosfera em questão. Dessa forma, conhecendo o perfil atmosférico inicial, com a concentração de gases ativos radiativamente (vapor d'água e dióxido de carbono, por exemplo) e das partículas de aerossol e a temperatura em cada camada atmosférica, é possível determinar o quanto cada camada irá resfriar ou aquecer devido aos diversos processos radiativos que ocorrem na camada em si e nas camadas vizinhas. Vale lembrar que durante o dia, com a incidência da radiação solar, as camadas podem apenas sofrer aquecimento caso haja absorção de radiação nessa região espectral. Para o caso de radiação no infravermelho térmico (ou terrestre), a análise do resultado final (se há aquecimento ou resfriamento) é mais complexa, visto que depende tanto do perfil de temperatura quanto das absortâncias espectrais de cada camada.

Exercício 7.5: Um determinado planeta possui atmosfera isotérmica cuja composição é inteiramente opaca para radiação de onda longa (ROL) e inteiramente transparente para radiação de onda curta (ROC). Considerar que esse planeta seja um corpo negro para ROL e tenha superfície cuja refletância para ROC seja dada por *r*.

a) Obter expressões para os valores da temperatura de equilíbrio radiativo da atmosfera e da superfície do planeta.
b) Qual seria o impacto sobre a temperatura de equilíbrio quando a refletância da superfície para a ROC assumir valor unitário? E se essa refletância for nula?

c) Supor que um novo componente seja inserido na atmosfera desse planeta e ela passe a absorver 50% da ROC, mas continue a ser inteiramente opaca para ROL. Nesse caso, qual seria o impacto, em relação à condição inicial, sobre as temperaturas da atmosfera e da superfície? (Sugestão: compará-las numericamente com uma suposta refletância da superfície igual a 0,5).

7.3 Balanço de energia à superfície

Finalmente, será analisado como os processos radiativos atuam no saldo de energia em superfície. Com o intuito de simplificar a compreensão dos processos de troca de energia, o transporte de calor pelo vento ou por correntes marítimas é considerado desprezível, assim como o aproveitamento de energia para a produção de biomassa (fotossíntese). Gradientes horizontais de temperatura também não são considerados. Nesse modelo simplificado, o saldo total de energia à superfície é obtido como:

$$q^* = H + LE + G \tag{7.28}$$

em que q^* é o saldo ou balanço total de radiação, H, o termo que representa a troca turbulenta de calor sensível, LE, a transferência de calor latente, e G, o termo de condução de calor no solo. Relembrando capítulos anteriores, o saldo total de radiação à superfície é obtido como:

$$\begin{aligned} q^* &= \int_0^\infty E_\lambda \downarrow d\lambda - \int_0^\infty E_\lambda \uparrow d\lambda \\ &= \int_0^{4\mu m} E_\lambda \downarrow d\lambda - \int_0^{4\mu m} E_\lambda \uparrow d\lambda + \int_{4\mu m}^\infty E_\lambda \downarrow d\lambda - \int_{4\mu m}^\infty E_\lambda \uparrow d\lambda \\ &= E_C \downarrow - E_C \uparrow + E_L \downarrow - E_L \uparrow \end{aligned}$$

A irradiância solar incidente à superfície ($E_C \downarrow$) varia de acordo com o ciclo diurno da distância zenital solar (μ_0) e segundo a variabilidade dos constituintes da atmosfera, em particular da cobertura de nuvens, vapor d'água e partículas de aerossol. Por outro lado, a irradiância solar refletida pela superfície ($E_C \uparrow$) depende da variabilidade da refletância ou albedo da superfície. No caso da radiação térmica, a variabilidade da radiação emitida pela atmosfera em direção à superfície (componente $E_L \downarrow$ do balanço de radiação) depende dos constituintes da atmosfera atuantes no efeito estufa (emissividade) e da temperatura da atmosfera. E, finalmente, a variabilidade da irradiância emitida pela superfície ($E_L \uparrow$) depende da temperatura da superfície e da variabilidade da sua emissividade. Solo nu ou com vegetação apresenta variabilidade em $E_L \uparrow$ devido à variabilidade diurna da sua temperatura. Por sua vez, superfícies aquáticas (lago, oceano) exibem emissão de $E_L \uparrow$ praticamente constante ao longo do dia, pois possuem baixa resposta térmica. A falta de resposta térmica pode ser atribuída a quatro características:

a) *Penetração*: como a água permite transmissão de radiação de onda curta a profundidades consideráveis, a energia absorvida é difundida através de um grande volume.
b) *Mistura*: a existência de convecção e transporte de massa devido aos movimentos de um fluido também permite que a perda e o ganho de calor sejam afetados por um grande volume.
c) *Evaporação*: disponibilidade "infinita" de água gera uma fonte eficiente de calor latente, e o resfriamento por evaporação tende a desestabilizar a camada superficial e aumentar ainda mais a mistura.
d) *Capacidade térmica*: a água apresenta uma alta capacidade térmica, de tal forma que exige aproximadamente três vezes mais energia para aumentar uma unidade de volume de água por um mesmo intervalo de temperatura que a maioria dos tipos de solo. Para fins de comparação, a Tab. 7.2 apresenta valores da capacidade térmica de dois tipos de solo e da água.

Tab. 7.2 Capacidade térmica de solo arenoso, solo argiloso e água

Tipo de superfície	***C* (capacidade térmica) ($J\ m^{-3} K^{-1} \times 10^6$)**
Solo arenoso	1,28
Solo argiloso	1,42
Água	4,18

Na Fig. 7.7 é possível visualizar como os quatro componentes do balanço de radiação em superfície, bem como seu respectivo saldo, variam ao longo do dia para diferentes tipos de superfície e condições atmosféricas. As curvas apresentadas na Fig. 7.7A foram obtidas de medições efetuadas em 3 de agosto de 2003 sobre uma plantação de cana-de-açúcar em um sítio experimental localizado na Usina Santa Rita, em Santa Rita do Passa Quatro (SP). Esse sítio é mantido pelo Laboratório de Clima e Biosfera, coordenado pelo Prof. Dr. Humberto Ribeiro da Rocha, do Departamento de Ciências Atmosféricas do IAG-USP, que gentilmente disponibilizou a base de dados. Nessa época do ano, o albedo de superfície foi estimado como da ordem de 15%. Notar que esse foi um dia sem nuvens, cuja duração do dia solar (definido no Cap. 3 como o tempo total no qual o Sol está visível acima do horizonte) foi da ordem de 11 horas e meia. O saldo total de radiação foi estimado em aproximadamente 8,6 MJ m^{-2}/dia. Para ilustrar como as nuvens afetam o saldo de radiação, a Fig. 7.7B mostra o ciclo diurno observado em 7 de agosto de 2003 na mesma localidade. A duração do dia solar foi praticamente a mesma, mas o saldo total de radiação foi reduzido para 1,1 MJ m^{-2}/dia.

Finalmente, um exemplo sobre a neve é apresentado na Fig. 7.7C. Os valores foram estimados numericamente, com o uso do código de transferência radiativa libRadtran (Mayer; Kylling, 2005), simulando como seria o ciclo diurno na Antártica no dia 15 de dezembro de 2014. As informações necessárias para rodar o código, como coordenadas geográficas (70,65°S, 8,25°O – estação Georg von Neumayer), ciclo diurno do albedo de superfície e da temperatura do ar a 2 m de altitude em dias de céu claro, foram obtidas de Wang e Zender (2011). Por ser verão no hemisfério sul e como a estação está localizada abaixo do Círculo Polar Antártico, o dia solar apresentou 24 horas nessa data. De acordo com Wang e Zender (2011), o albedo de superfície da neve variou, no mês de dezembro de 2005, entre 71% e 83%, aproximadamente, devido à cobertura de neve. Apesar de incidir radiação solar durante 24 horas, o saldo total de radiação foi estimado em meros 12,7 kJ m^{-2}/dia.

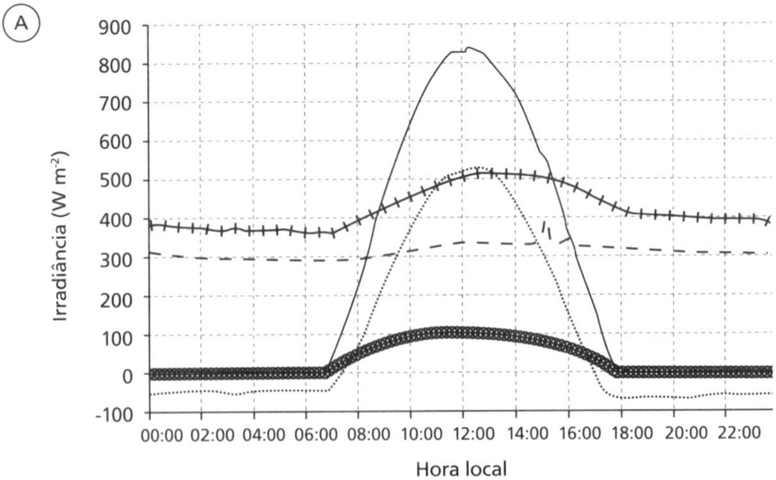

Fig. 7.7 *Exemplos do ciclo diurno dos componentes do balanço de radiação em superfície: medidos sobre plantação de cana-de-açúcar em Santa Rita do Passa Quatro (SP) (A) no dia 3 de agosto de 2003, sem nuvens, e (B) no dia 7 de agosto de 2003, na presença de nuvens; (C) simulados numericamente para a Antártica, estação Georg von Neumayer, em 15 de dezembro de 2014*

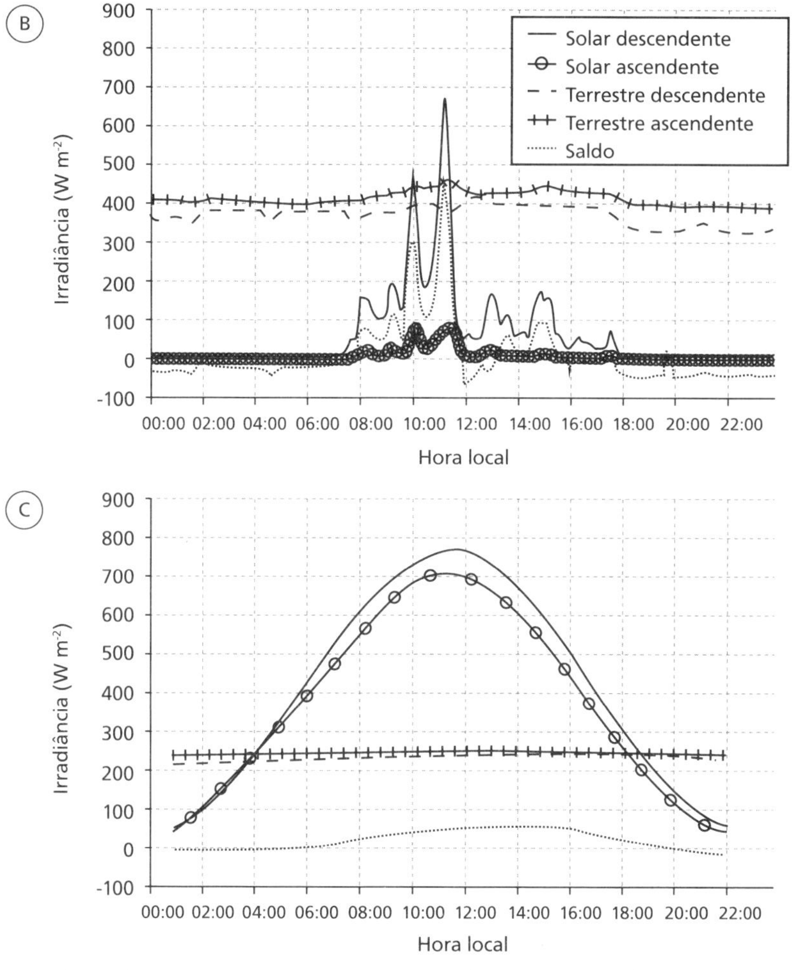

Fig. 7.7 *Exemplos do ciclo diurno dos componentes do balanço de radiação em superfície: medidos sobre plantação de cana-de-açúcar em Santa Rita do Passa Quatro (SP) (A) no dia 3 de agosto de 2003, sem nuvens, e (B) no dia 7 de agosto de 2003, na presença de nuvens; (C) simulados numericamente para a Antártica, estação Georg von Neumayer, em 15 de dezembro de 2014*

Exercício 7.6: Com base nos gráficos apresentados na Fig. 7.7 e no conhecimento adquirido ao longo dos capítulos deste livro, responder às seguintes questões:

a) Qual a importância do albedo de superfície no balanço de radiação em superfície? Basear a resposta na observação de que, na Antártica, tanto a duração do dia solar quanto a irradiância solar instantânea incidente em superfície próximo ao meio-dia foram maiores do que sobre a cana-de-açúcar no dia 7 de agosto de 2003. Que componente do balanço é afetado?

b) Como a cobertura de nuvens modifica o balanço de radiação em superfície? Elas são responsáveis por quais processos de interação com a radiação solar? E com a terrestre?

Referências bibliográficas

BERGER, A. Milankovitch theory and climate. *Reviews of geophysics*, v. 26, n. 4, p. 624-657, 1988.

CHYLEK, P.; DAMIANO, P.; SHETTLE, E. P. Infrared emittance of water clouds. *Journal of the Atmospheric Sciences*, v. 49, n. 16, p. 1459-1472, 1992.

COULSON, K. L. *Solar and terrestrial radiation methods and measurements*. New York: Academic Press, 1975.

FEYNMAN, R. P.; LEIGHTON, R. B.; SANDS, M. *The Feynman lectures on physics*. 6th ed. Reading, Massachusetts: Addison-Wesley, 1977. v. 1.

FRÖHLICH, C.; SHAW, G. E. New determination of Rayleigh scattering in the terrestrial atmosphere. *Appl. Optics*, v. 19, n. 11, p. 1773-1775, 1980.

GOODY, R. M.; YUNG, Y. L. *Atmospheric radiation*: theoretical basis. 2nd ed. New York: Oxford University Press, 1989.

GRAEDEL, T. E.; CRUTZEN, P. J. *Atmospheric change*: an Earth system perspective. New York: W. H. Freeman and Company, 1993.

HENYEY, L. G.; GREENSTEIN, J. L. Diffuse radiation in the galaxy. *Astrophys. J.*, v. 93, p. 70-83, 1941.

HERTZ, H. *Miscellaneous papers*. London: MacMillan, 1896.

HOLBEN, B. N.; ECK, T. F.; SLUTSKER, I.; TANRÉ, D.; BUIS, J. P.; SETZER, A.; VERMOTE, E.; REAGAN, J. A.; KAUFMAN, Y. J.; NAKAJIMA, T.; LAVENU, F.; JANKOWIAK, I.; SMIRNOV, A. AERONET: a federated instrument network and data archive for aerosol characterization. *Remote Sensing of Environment*, v. 66, p. 1-16, 1998.

KOPP, G.; LEAN, J. L. A new, lower value of total solar irradiance: evidence and climate significance. *Geophys. Res. Lett.*, v. 38, n. L01706, 2011. doi:10.1029/2010GL045777.

LIOU, K. N. *An introduction to atmospheric radiation*. San Diego, California: Academic Press, 2002.

MAYER, B.; KYLLING, A. Technical note: the libRadtran software package for radiative transfer calculations: description and examples of use. *Atmos. Chem. Phys.*, v. 5, p. 1855-1877, 2005.

MIE, G. Beiträge zur Optik trüber Medien, speziell kolloidaler Metallösungen. *Ann. Phys.*, Leipzig, v. 330, p. 377-445, 1908.

MILANKOVITCH cycles. *Virtual Courseware Project*, [s.d.]. Disponível em: <http://www.sciencecourseware.org/eec/GlobalWarming/Tutorials/Milankovitch/>. Acesso em: 15 out. 2015.

NIST-F1 cesium fountain atomic clock. *Nist.gov*, [s.d.]. Disponível em: <http://www.nist.gov/pml/div688/grp50/primary-frequency-standards.cfm>. Acesso em: 15 out. 2015.

NUSSENZVEIG, H. M. *Curso de Física Básica 2*: fluidos, oscilações e ondas, calor. 3. ed. São Paulo: Edgard Blücher, 1996.

OMM - ORGANIZAÇÃO METEOROLÓGICA MUNDIAL. *Guide to meteorological instruments and methods of observation*. 1983.

PALTRIDGE, G. W.; PLATT, C. M. R. *Radiative processes in meteorology and climatology*. Amsterdam, Oxford, New York: Elsevier Science, 1976.

RICCHIAZZI, P.; YANG, S.; GAUTIER, C.; SOWLE, D. SBDART: a research and teaching software tool for plane-parallel radiative transfer in the Earth's atmosphere. *Bulletin of the American Meteorological Society*, v. 79, n. 10, p. 2101-2114, 1998.

SEINFELD, J. H.; PANDIS, S. N. *Atmospheric chemistry and physics*: from air pollution to climate change. New York: Wiley, 1998.

SELLERS, W. D. *Physical climatology*. Chicago: University of Chicago Press, 1965.

THOMAS, G. E.; STAMNES, K. *Radiative transfer in the atmosphere and ocean*. Cambridge: Cambridge University Press, 1999.

VAN DE HULST, H. C. *Light scattering by small particles*. New York: Dover, 1981.

WANG, X.; ZENDER, C. S. Arctic and Antarctic diurnal and seasonal variations of snow albedo from multiyear Baseline Surface Radiation Network measurements. *J. Geophys. Res.*, v. 116, n. F03008, 2011. doi:10.1029/2010JF001864.